信息与通信网络技术丛书

行业专网规划设计手册

Industry Network Planning and Design Manual

陈佳阳 肖凯文 李 劲 王林蕾 ◎编著

人民邮电出版社

北 京

图书在版编目（CIP）数据

行业专网规划设计手册 / 陈佳阳等编著. -- 北京 ：
人民邮电出版社，2016.5
　（信息与通信网络技术丛书）
　ISBN 978-7-115-41297-3

　Ⅰ．①行… Ⅱ．①陈… Ⅲ．①计算机网络－网络规划
－手册②计算机网络－网络设计－手册 Ⅳ.
①TP393.02-62

　中国版本图书馆CIP数据核字(2016)第049180号

内 容 提 要

　　本书通过对目前国内外主流专网的技术分析，结合行业组织架构、业务承载模式、电信运营商提供的专线电路服务种类等因素，对政企行业的专网建设需求进行分析，并提供了相应的专网建设方案。

　　本书内容丰富，实用性强，涉及专用通信网络建设方案、案例等内容。可作为政府、企业信息化及网络工程技术人员和管理人员、电信运营商的参考书或培训教材。

◆ 编　著　陈佳阳　肖凯文　李　劲　王林蕾
　　责任编辑　李　强
　　责任印制　彭志环

◆ 人民邮电出版社出版发行　　北京市丰台区成寿寺路 11 号
　　邮编　100164　　电子邮件　315@ptpress.com.cn
　　网址　http://www.ptpress.com.cn
　　北京昌平百善印刷厂印刷

◆ 开本：787×1092　1/16
　　印张：12.5　　　　　　　　　2016 年 5 月第 1 版
　　字数：235 千字　　　　　　　2016 年 5 月北京第 1 次印刷

定价：49.00 元

读者服务热线：(010)81055488　印装质量热线：(010)81055316
反盗版热线：(010)81055315

前 言

随着我国产业信息化的发展及"互联网+"行动计划的推进，各级政府、企业对于自身数字化、信息化建设的需求日益旺盛，专用通信网作为各类信息化应用承载的基础为实现产业、社会信息化提供了安全可靠的基础保障，因此专用通信网的建设逐步成为政企行业信息化相关部门及电信运营商共同关注的焦点。与之相适应，涉及专用通信网相关的技术和学术研究也非常活跃，出版了大量书籍和文献，给业内专业人士带来了很大的方便。然而，在政府及企业内专用通信网络的建设过程中，如何结合自身信息化需求的特点，选择相应的建设模式及相关通信技术，仍然还有许多问题有待探讨。作者根据多年从事政企专用通信网络规划、设计工作的经验总结和体会，融合近年来所承担的科技项目的有关成果，参考了一些通信科研单位和设备供应商的技术解决方案编写了本书，可以为政企行业从事网络及信息化相关人员提供较为整体全面的专网建设指导和专业的技术方案参考。

本书力求具有理论性、实用性、系统性和导向性，内容密切结合各类行业及政府部门特殊的信息化应用承载需求，从组织架构、地域分布、业务拓展趋势等方面分析，并提出了专用通信网络的建设模式及组网架构。同时，书中重点介绍了目前主流的专线电路通信技术和 IP 组网技术，综合考虑承载网络 QoS 需求、建设成本、维护、扩展性等诸多因素，提供最佳专线技术选择及承载方案。最后本书结合具体项目案例展示了专用通信网络的建设规划、设计方案，为专用通信网的搭建提供了参考和可操作的方法。

本书由陈佳阳组织策划并负责第 1 章、第 2 章、第 5 章的编写，肖凯文负责第 4 章、第 6 章、第 7 章的编写，李劲负责第 3 章、第 8 章、第 9 章的编写，土林蕾负责第 10 章的编写。

在本书的撰写过程中，湖北邮电规划设计有限公司的王庆总工和李贤毅院长给予了热切关心和悉心指导，对本书内容的组织和写作方向提供了极有价值的指导和建议。

感谢所有对本书撰写和出版给予过关心、支持和帮助的人。

由于作者学识有限，偏颇和不当之处在所难免，敬请读者不吝赐教。

目　　录

第1章
政企专网概述

1.1 专网背景

近年来，互联网领域的技术发展可谓日新月异。最早在 2008 年由 IBM 公司首席执行官彭明盛提出了"智慧地球"的新概念，其中提到的云计算及物联网等新技术名词首次进入人们的视野。"智慧地球"的理念是将新一代 IT 技术充分运用在各行各业之中，即把传感器嵌入和装备到电网、铁路、桥梁、隧道、公路、建筑、供水系统、大坝、油气管道等各种物体中，并且被互相连接，形成"物联网"，并通过超级计算机和云计算将"物联网"整合起来，实现人类社会与物理系统的整合。在此基础上，人类可以以更加精细和动态的方式管理生产和生活，从而达到"智慧"状态。为了实施这一全新的战略，IBM 推出了各种"智慧"的解决方案，如智慧的医疗、智慧的电网、智慧的油田、智慧的城市、智慧的企业等。随后，我国提出了"感知中国"，通过传感器将互联网运用到基础设施和服务产业上，从而提高生产及劳动效率。在 2013 年，中国国务院发布了"宽带中国"战略实施方案，部署未来 8 年宽带发展目标及路径，意味着"宽带战略"从部门行动上升为国家战略，宽带首次成为国家战略性公共基础设施。"宽带中国"战略中，一方面对公众用户的固网、移动接入带宽提出了提速的要求，另一方面也涵盖了对传统企业、社会民生、文化、国防等领域的信息化改造要求。在 2015 年召开的第十二届全国人民代表大会第三次会议的开幕会中，李克强总理在政府工作报告中提出了制定"互联网+"行动计划，用以推动移动互联网、云计算、大数据、物联网等与现代制造业结合，促进电子商务、工业互联网和互联网金融健康发展，引导互联网企业拓展国际市场。所谓的"互联网+"战略，就是利用互联网平台和信息通信技术，把互联网和包括传统行业在内的各行各业结合起来，在新的领域创造一种新的生态。

从上述介绍可以看出，无论是之前提出的物联网、云计算，还是现在大家比较关注的大数据、移动互联网等技术，互联网技术已经从改变消费者个体的行为，走向改变各个行业、政府乃至社会的新时代，通信业界称之为"产业互联网时代"。在这个大的背景下，对于传统的电信运营商来说，承载网络发展的需求已经不仅仅是满足个体用户的互联网访问需求，如何为政府及各企业提供安全可靠的承载网络以保障其信息化的发展也变得尤为重要。同时，从政府及企业的角度来看，搭建好自身的基础承载网络才能为实现产业及社会信息化，响应国家"互联网+"发展战略打下坚实基础。

1.1.1 专网的定义与作用

专用通信网络（以下简称专网）主要指某个单位或者行业系统内部的通信网络，是通过自行建设或利用公共资源的方式组建的电信网络，不以赢利为目的。如政务专网、教育专网、铁路专网、石油专网、电力专网、广电专网、机场专网等，这些专网只为该系统服务。部分专网设有与公网的接口，可以实现专网内部用户的互联网接入以及为公网的用户提供系统内部的访问服务。专网有特定的使用目的，其主要作用就是为本系统的生产经营服务，与运营商有着本质的区别。专网通信技术标准化程度较高，就细节而言，不同专网在具体的通信质量、通信安全等方面有各自的偏重点，但各领域的通信技术应用也有很多相通或类似之处，可以广泛应用于市政、电力、教育、石油、化工、煤炭、轨道交通等，因此各行业专网的网络构架有一定的共性。

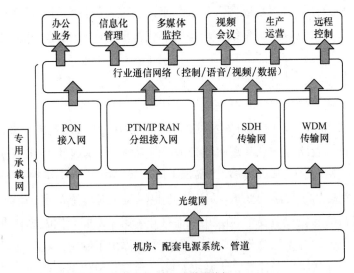

图 1-1 专业承载网构架

从图 1-1 可以看出，专网的搭建是采用传统的通信网络技术及网元，主要包括光缆、传输设备、服务器设备、数据通信设备及相关配套电源系统等，形成连接行业系统内部各节点的通信网络，以此为基础向各类生产、运营及管理信息化应用提供承载能力。部分行业自建的大型专用通信网络，甚至还需要考虑设备机楼、管道等基础设施的建设。

同时，由于专网是行业系统内部的网络，其安全的重要性也要远高于公众互联网。因此，在专网的建设过程中，需要全方面地考虑整个网络系统的信息安全保护能力。

1.1.2 专网与公网的区别和联系

在我国，公用通信网（以下简称公网）是由工业和信息化部经营的以及受工业和信息化部委托所建设与经营的通信业务网络；专网是行业、部门、单位内部建设使用的通信业务网络。公网和专网共同构成了国家的通信系统。公网面向社会提供服务，是通信基础设施的主体；专网则是为满足特定系统内部生产调度及管理的特殊通信需求而建设，为内部生产组织服务，是公网的有机补充。长期以来，公网与专网共存，关系错综复杂。

1. 专网与公网的区别

从定义上看，公网主要是把不同位置、不同规模的计算机网络（包括局域网、城域网、广域网）互相连接在一起所形成的计算机网络集合体，其服务的对象主要是社会大众，如图 1-2 所示。

相对的专网主要是政府或者行业专用的网络，是政府或者某个行业系统通过专线连接的网络，这种连接是内部网之间的物理连接。它只为特定的对象服务，除了合法接入专网的行业内部节

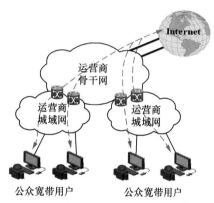

图 1-2 公众用户访问互联网结构示意图

点，其他任何人或者企业未经许可都不能进入该网络，所以专网相比于公网的最大优势是保障了政府或者行业内部信息流的安全性和完整性。图 1-3 是比较典型的总部与各分公司、子公司之间的专线通信示意图。

从上述两者的概念和定义可以看出，公网和专网的区别主要体现在服务对象、建设主体、网络规模、技术要求和服务要求等几个方面。

服务对象：公网的服务对象主要是社会大众，可以满足广大宽带用户的互联网访问需求；专网的服务对象主要是政府、行业系统内部的特定对象，具有相对严格的接入限制，以保障专网的安全性和可靠性。

建设主体：公网的建设主体是通信运营商，也就是提供网络服务的供应商，目前在国内是中国移动、中国电信和中国联通三家公司；专网的建设通常由政府或者行业建设部门主导，根据实际的承载业务需求采用自建或者租用运营商网络的方式进行建设。

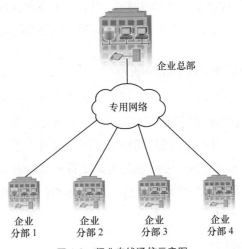

图 1-3　行业专线通信示意图

　　网络规模：因为服务对象分布广泛，所以公网的建设规模较大，其基础的建设单元被通信运营商称为城域网，用于满足一个城市内公众用户的宽带接入需求。在此基础上，各城域网连接到运营商国内骨干网络，实现城市与城市间的数据通信。运营商骨干网再通过国际出口与其他国家的网络互联互通，最终满足用户对国际互联网的访问需求。单一专网的网络规模相对较小，其建设的目的往往只是为某个行业内部系统提供特定的承载服务。但是由于各级政府都建有各自的政务专网，各行业、企业也都建有独立的专网，即使在同一行业系统内，也存在因为业务的需求不同建有多个独立专网的情况，所以在总量上，专网还是具有一定的规模。

　　技术要求：公网的作用主要是为了满足公众用户的互联网接入需求，所以网络的技术要点主要体现在对大规模宽带用户的接入能力上，需要网络设备具有高速、高密度的链路接口及大容量的吞吐能力，此外还要求整体网络具备对宽带用户的业务注册、开通、认证及计费等后台运营维护支撑能力；在专网的网络建设中，技术重点主要体现在保障网络数据传送的安全稳定性方面，需要网络设备具有高可靠性，组网架构也需要充分考虑带宽冗余及备份的链路路由。

　　服务要求：在公网中，要求网络必须具备保障公众用户接入带宽的能力，同时要求后台运营支撑系统可以为宽带用户提供相应的业务受理、开通、变更等服务；专网的服务要求涉及速率、延时、抖动、丢包、可靠性、网络中断恢复时间等多种网络性能指标，根据其承载业务的不同，侧重点也有所不同，例如视频会议类业务更注重速率及延时等指标，行业内部 OA 办公管理系统类业务更注重丢包及网络的可靠性等指标。

2．专网与公网的联系

通常情况下，专网都是作为与公网隔离、独立存在的网络系统，但是在部分情况下，也需要在专网开通至公网的链路。

专网内用户有互联网访问需求：例如对于高校内教育专网或者某行业职工专网，专网内的师生或者企业员工有访问互联网的需求，则需要在专网出口网络设备统一开通至公网的链路。

专网内承载的应用有为公众宽带用户/移动用户提供服务的需求：例如政府政务专网或医疗行政部门的卫生专网等，该类专网承载了为社会公众提供服务的应用或者网站，需要专网开通与公网的链路，方便公众用户访问专网内信息。此外，随着移动互联网的迅猛发展，各类行业逐步开始建设移动办公系统，通过在员工移动终端安装开发相应的应用程序，使其具备远程办公、视频会议等移动办公能力。由于各运营商移动网络的数据通信都是由公网承载，因此也需要公网与专网实现互通。

在专网接入公网的过程中，通常都会在专网出口链路部署访问控制设备。一方面，网络控制设备可以配置防火墙、入侵检测、漏洞扫描等功能，防止外部人员非法访问及不明入侵者的网络攻击，以保障专网的安全；另一方面，通过配置网络审计过滤、流量控制等功能，对专网内部用户的邮件、FTP、OA 等应用业务和数据传输工具进行监测与控制，可以避免专网内的行业机密不受控制地传输，如图 1-4 所示。具体内容将在后面的网络安全相关章节详细叙述。

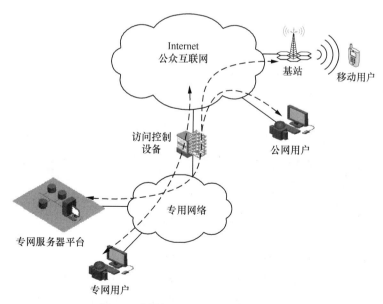

图 1-4　专网与公网互联互通结构示意图

1.2 专网的演进

1.2.1 专网的网络架构

在专网的搭建过程中，通常需要关注两个重要部分，即行业系统内部网络和传输专线，其区别有些类似电信运营商的 IP 数据网和传输网。行业内部网络体现的是专网中交换机、路由器、防火墙、服务器等网元设备之间的逻辑连接和路由路径，重点关注的是设备归属网络节点内的组网和网络节点间的连接关系，不关心设备、网络节点间的实际距离和物理环境位置等，是直接为各类信息化应用提供业务承载的网络。传输专线如同运营商的传输网络，主要工作在物理层和数据链路层（近年来 VPN、IPRAN 等新技术开始通过网络层实现），其作用是为行业内部网络提供链接和承载，体现的是设备之间实实在在的物理连接关系。在内部网络拓扑图中设备间的一段简单逻辑链路，在现实连接过程中可能通过光纤、SDH、MSTP、VPN 等各种传输专线的方式实现。行业各类信息化应用对于专网性能的需求主要依靠各类专线承载技术来满足，因此传输专线在整个专门通信网中占据十分重要的地位。

图 1-5 是一个比较典型的专网整体架构示意图。

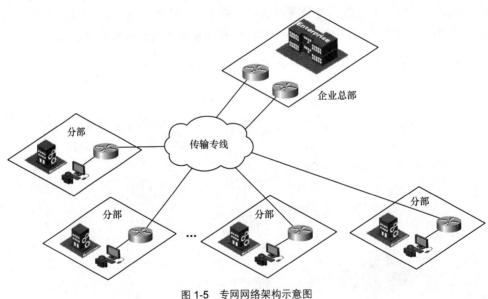

图 1-5　专网网络架构示意图

为了更容易地理解一个专网中内部组网和传输专线的关系，我们可以把两者分离开来分析。首先是内部网络结构，图 1-5 所示的是目前比较常见的总部—分公司式的二级星型结构，该结构通常是根据节点的地理位置决定的。例如某公司总部在省会城市，在省内各级地市设有分公司或营销部，各分支单位需要将日常的生产经营数据上传给公司总部，而分支单位之间不需要具备数据通信能力，因此形成了一点到多点的专网拓扑结构，如图 1-6 所示。

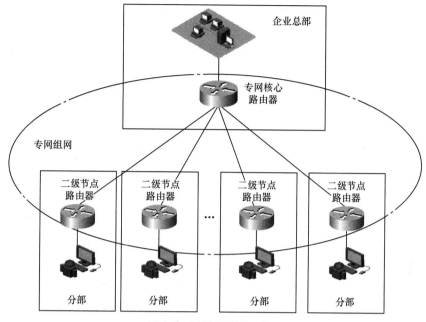

图 1-6　专网组网逻辑示意图

在确定了专网的网络结构后，下一步需要关注的就是节点间的连接电路，即传输专线。组网逻辑图中路由器间连接的一条电路，在实际建设过程中可能是光纤、运营商传输系统或者公网中的虚拟电路。目前应用最为广泛的主要包括 SDH/MSTP、PTN/IPRAN、PON 及 VPN 等传输及接入技术，各种传输及接入技术适用于不同的场景及满足不同承载业务应用的要求。从建设的角度看，根据安全保密等级的要求并综合建网投资考虑，可以采用自建或者租用运营商网络资源两种方式，具体内容会在后面的传输专线章节进行详细的描述。

1.2.2　我国专网的发展历史

20 世纪 90 年代，电信业在当时成为全世界发展速度最快的产业之一。我国政府在"十五"规划中明确提出以信息化带动工业化的战略发展思路。同时，加入 WTO 开放电信市场的外部压力增大。作为信息载体的电信产业，捉住机遇积极推进改革，不断引入竞争机制，形成了多家运营商分割市场的基本格局。当时的格局可以概括成"6+1+1"模式，其中"6"是指具有运营资质的国家级电信运营企业，包括中国移动通信集团公司、中国电信集团公司、中国网络通信集团公司、中国联合通信有限公司、中国卫星通信集团公司、铁道通信信息有限责任公司，它们是当时中国电信市场的主体。第二个"1"是指具有运营资质的跨地区增值电信业务经营者与本地增值电信业务经营者。最后一个"1"就是指专网，包括交通、电力、石油、民航、公安、广电等部门的专网作为国内通信专网的主体。这些部门在初期建设的专网大部分属于地区性专网，长途通信主要还是依靠接入公网。部分有特殊需求的部门如公安、气象等，租用公网的传输资源组建长途专网。广电、军队、石油等少数部门，除了建有地区性的专网外，还通过建设跨省光缆组建了自有的长途通信网，基本实现了全国范围内的互联。

结合当时的特定国情，专网的产生主要有以下几个原因。

① 内部生产、调度及管理对通信有特殊的要求。一些特定的行业、部门根据自身的需求，对通信有特殊的要求，如传递关系到国家安全机密或政治敏感信息的军事、政府部门，需要实时进行调度指挥管理的交通、水利、电力部门等。公网很难满足其特殊的通信需求，所以这些行业、部门必须建设专网。

② 公网的发展相对滞后促使一些行业建立自己的专网。当时公网的建设还相对缓慢，远不能满足社会的需求，使得部分行业只能通过自己建设内部的通信网络来满足生产管理的需求；此外，公网的网络建设是根据用户的分布来实施的，一些荒无人烟的地区没有进行覆盖，对于石油开发或者位于人烟稀少地域的企业，只能通过自建的形式组建专网。

③ 早期部分行业专网的建设由国家投资，运营费用进入企业或行业的总成本中。由于体制原因，拥有专网的单位或部门对于通信网的投资效益不太敏感，利用国家资金投资建设专网，其专网的建设及运营费用列入行业总成本中，其投资的效益问题得不到关注，在专网的建设过程中反而有更多自主性，从而采用自建的模式。

1.2.3 目前专网的现状与发展趋势

从专网的发展来看，其承载业务从最早的语音通话、控制调度，逐步发展到图像传输、视频通话、数据库访问等，因此专网的建设模式也从早期的的窄带数字通信系统转变为如今比较普遍的宽带通信系统。在通信技术迅猛发展的驱动下，电信运营商将原有 PSTN 网络改造为软交换及 IMS，在公网中推广 IP 化的语音业务。随着近年来 IP 语音业务的普及和相关技术的成熟，行业专网开始引入软交换、IP PBX 等技术手段替代原有的窄带数字通信技术来实现语音业务的 IP 化。

在目前的产业互联网时代背景下，社会及行业信息化程度越来越高，涉及领域越来越广泛，行业的信息化应用需求种类也随之增多。部分政府部门或行业通过建设不同的专网来满足各类信息化业务的通信需求，导致有的行业同时建有 3~4 个专用通信网络，不仅建设成本高，而且由于每一层的管理和控制方法是在不同历史条件和应用环境下发展起来的，各层的控制方法存在很大差异，整个专网的管理变得十分复杂，运营维护成本十分高昂。随着语音业务向 IP 化及 MPLS 等 IP 隧道技术的发展，行业内专网逐步呈现融合的发展趋势。通过组成集语音、数据、图像、视频于一体、基于 IP 技术的综合承载专网，能更好地满足行业用户需求。

从专网的数量上看，越来越多的中小型企业开始通过信息化改造来提升市场竞争力，因此在原有政府，国有大型企业专网基础上，中小企业也开始组建自己的通信专网，专网的需求越来越旺盛。这种规模效应提高了专网通信技术的发展速度，并可以从一定程度上降低专网的建设、维护成本，提高经济效益。专网的建设门槛降低，将吸引更多的中小企业组建专网，提高企业运营效率，周而复始，形成良性的循环。规模方面，在全球化经济的推动下，各行业、企业不仅仅局限于在一定的地域内发展，更将业务拓展至全国范围，甚至海外。其中更具实力者则在海外设置分支办事处或研发机构，成立跨国集团。在此背景下，新建的专网通常具备更为广阔的延伸范围，形成跨省、跨国的长途通信专网。

在 20 世纪八九十年代，在专网组网主要采用 DDN、FR、ATM、ISDN 等技术开通传输专线。随着通信网络朝着 IP 化方向发展演进，上述技术已逐渐被新的 IP 技术所取代。在国内的行业专网架构中，除了银行、邮政等少数政企单位还存在少量 ATM 电路外，应用最为广泛的主要是 SDH/MSTP、PTN/IPRAN、PON 及以太网等接入技术。针对不同的行业及行业内不同的需求，采用以上专线通信技术各有利弊，详细的应用场景及特点将在后面的传输专线章节中进行分析。目前，在我国专用通信网络的搭建中，采用以 SDH 为基础的 MSTP 技术建设模式占比最大，但是随着以太网组网网元设备性能的提升以及差异化服务能力的增强，以 MPLS 技术为基础的 VPN 虚拟电路及 IPRAN 传输专线正在逐步取代原有的 SDH/MPLS 数字专线电路，前者成为行业客户的首选传输专线技术手段。在跨国传输专线方面，行业或企业主要通过购买电信运营商提供的跨境专线电路产品来组建专用通信网络，其主要包括 IPLC（国际专线电路）、IP VPN、IEPL（国际以太网专线）等产品。IPLC 主要采用前面提到的 SDH、DDN、ATM 及 FR 等技术，IEPL 主要是采用基于 SDH 的 MSTP 技术为行业客户提供点到点和点到多点的国际以太网专线连接。根据从电信运营商处收集的国际专线电路产品收入分析来看，IP VPN 和 IPLC 占比最高，其次是 IEPL。目前，对于中资企业，其专线电路需求还是以 IPLC 等传统业务为主，但是从全球专线通信市场来看，该产品已趋向萎缩。反观 IEPL 和 IP VPN 等以太网专线通信产品，其需求日益旺盛，后续市场发展强劲。

1.3　各类专网的特点

从网络组网上来说，各政企行业专用通信网的架构具有一定的共性，但就细节而言，不同的行业应用有各自的特殊需求，在专网的建设上也有各自的偏重点。以下就对主要的政企专网进行简要的分析。

1．政务专网

政务专网是国家电子政务基础体系架构中的重要组成部分，用于实现各级政府机关之间的政务信息资源共享和网络协同办公，建立统一的应急指挥信息系统的基础承载网络。

政务专网主要用于机关非涉密文件、信息的传递和业务流程。通常政务专网通过网闸，采用数据"摆渡"的方式（FTP、HTTP、SMTP 等通用协议全部关闭或者不支持）与公网交换数据信息，以便实现公共服务或者内部业务流程的衔接。由于采用"摆渡"方式，不能与 Internet 相连接，因此，政务专网具有较高的安全性。由于政务专网非涉密，可实现广泛的内部互联，还可以与公网实现安全的信息交换，因此，政务专网完全能够作为不涉及党和国家秘密的内部业务流程与信息处理的主要平台，并形成公共服务的外网受理，内（专）网办理以及外网反馈的闭环机制。

2．警务专网

警务专网与政务专网的特征和业务比较类似，是用于承载涵盖所有公安业务的信息应用系统，可以实现公安系统内各职能单位或部门间的资源共享及协调统一指挥，所以警务专网的建网重点主要放在可靠性、实时性和安全性上。传统的警务专网以语音调度功能为主，数据传输能力有限。但是公安部门在日常警务工作或处置突发事件的过程中，要求在统一的调度平台上实现多媒体化的通信指挥。

随着专网通信技术的迅猛发展，特别是 IP 网络具备部署差异化 QoS 的性能，为多业务的融合提供了有力的技术保障。因此，近年来各省份逐步启动警务专网的升级改造，使其具备提供语音调度、数据调度、高速数据查询、图像实时采集、现场视频监控等多种业务的综合承载能力。通过数据业务和视频业务弥补语音业务在准确性、可记录性方面的缺陷，从而实现全数字化的、多媒体化的、可记录及可追溯的、事件驱动的指挥调度和协同作业流程。

3．交通专网

交通专网是我国交通运输事业的重要组成部分，是保障交通运输安全，提高轨道交通、城市交通、城际公路、水路、航空等运输效率的重要手段。交通作为最早开始专网建设的领域，经过近 60 年的发展，已经形成了地面和空间立体交通体系，为交通运输生产、安全救助、军事运输、执行国家特殊任务等方面作出了较大的贡献。

交通通信是依存并服务于水路和陆路空域交通的通信总称，是服务于交通运输行业的专用通信。近年来提出的"智能交通"概念，其关键就是利用通信网络连接包括人、车、路等在内的交通对象，组成数据采集、分析、应用的信息系统，以及交通部门的管理系统。交通行业的特性决定了其专用通信网必须具备高稳定性和安全性。道路信号控制系统、轨道信号系统、航空管控系统、应急指挥系统等涉及人身安全的系统对稳定性、可靠性的要求非常高；交通政务系统、交警系统、交通收费系统等对信息安全的要求也会比较高。此外，如空中通信、高铁通信等系统，由于存在高速移动、电磁干扰等问题，也需要用特殊技术来解决。

在当前现代化交通运输体系中，交通专用通信网络和通行环境、运载工具、被载体共同形成运输系统的硬环境，并为传输的软环境提供基础设施，保障运输行业实现安全、迅速、准确、节省、方便、满意的目标。

4．金融专网

金融行业信息化建设的核心是数据中心建设。数据中心是银行、证券等金融机构资金结算、客户信息等数据集中存储、处理的核心，同时也是机构业务流量的枢纽。数据中心正常运转，金融机构的日常业务才能稳定运行。因此，金融行业专网的建设主要围绕金融机构数据中心开展。其承载的业务主要包括主、备数据中心间的高速数据同步，数据中心到该金融机构各个分支的数据共享，数据中心到诸多外联机构的互联互通等。

在专网运行过程中，最为重要的是要保证金融数据传输过程的信息安全。因此，高可靠性、高安全性是金融行业专网的重要标准。随着移动互联网的飞速发展及移动支付的普及，金融机构的网上交易和支付业务呈现井喷式的增长，在专网中表现为大规模的数据交换和数据传输，业务流量巨大，对网络的承载能力和实时性也提出了较高要求，需要金融行业专网具有一定的 QoS 保障能力。

5．教育专网

教育专网的建设思路是"统一网络、统一平台、统一应用、统一管理"。其目的是把分布在一定范围内的政府教育主管部门、各类高校、中小学、教育培训机构等信息节点统一连接成一个"网"，为真正意义上的"教育资源共建共享"提供基础网络保障。

教育专网承载的业务种类非常丰富，其主要业务包括数据检索、资源服务、信息交流、教育管理、远程教学、异地项目合作等。教育专网内用户对网络的稳定性和带宽有一定要求，因此，在教育专网的建设过程中通常采用大容量、高速率的网络设备进行组网。

6．医疗、卫生专网

医疗、卫生专网的建设通常以省为单位，为省内各级医疗机构、医疗管理机构、卫生管理机构和人员提供网络接入服务，实现医疗、卫生、行政部门及医疗、卫生机构之间的互联互通和信息共享，促进医疗、卫生管理部门的业务协同，提高管理工作效率和决策水平，提升医药卫生体制改革各项相关规定实施情况动态检测、宏观调控和科学管理的能力。

目前，各省医疗、卫生专网主要用于综合承载各类基础数据管理和视频类业务。其中基础数据管理平台包括居民电子健康档案系统、妇幼保健信息系统、基本药物采购系统、人口计生服务管理信息系统、人口计生信息综合服务系统等。该类业务系统的特点主要是专网节点数量多、分布广，需要专网覆盖范围广，网络末梢通常延伸到县、乡，网络接入能力强，组网设备配置高密度的接口板卡可以满足大量的县乡医疗、卫生机构接入。对于视频类业务，主要包括远程医疗、视频会议、突发公共卫生事件应急救治视频业务等。这类视频业务对于承载专网的性能要求主要体现在带宽和网络的稳定性上。

7. 石油、石化专网

对于石油、石化行业，早期的通信业务主要是指挥生产调度的电话通信，通过窄带数字通信系统承载。在国家"十二五"规划期间，各石油、石化企业开始通过数字化建设与管理的手段，提高现场生产管理水平，提升安全监控水平，助推劳动组织架构变革，降低一线员工劳动强度，改善员工工作与生活环境，从而实现传统企业向走新工业化道路的现代企业转变。

目前，石油、石化行业重点在油气生产过程中融入物联网技术，实现井场数据的自动化采集和传输，搭建"数字油田"体系的数据基础，提高数据自动化采集率和对生产动态分析功能。因此，作为石油、石化行业现代化生产建设的重要基础设施之一，石油、石化专网必须覆盖石油、石化行业各个主要生产站、点和生活基地，成为集光纤、数字微波传输系统、计算机网络系统、语音通信系统、卫星通信系统、视频会议系统、有线电视系统为一体的多功能专用通信网络。

8. 电力能源专网

电力专网广泛应用于电网的生产控制、管理、经营等各个环节，是电力系统的有机组成部分。其承载的电力系统业务，根据功能、特点主要分为电网运行和企业管理两大方面。电网运行类业务又分为运行控制业务和运行信息业务；企业管理类业务又分为信息业务和办公业务。这些业务都依赖电力专网的支持，但对网络承载的要求又不尽一致。运行控制业务具体包括继电保护、安全稳定装置、调度自动化等，作为电网控制的一个重要环节，它直接关系到电网安全，此类业务对通信传输时延、通道可靠性要求极高；运行信息业务主要分为保护管理信息（包括行波测距、故障录波等业务）、性能监测装置（PMU，Performance Monitor Unit）、稳控管理信息、水调自动化、调度管理、生产技术、电力市场交易、计量自动化等，要求承载专网覆盖范围广、通道可靠性高，通信误码率要求小于 10^{-6}，对通道时延要求相对较低，一般允许几百毫秒以内。管理信息业务主要有财务管理、市场营销、生产计划管理、人力资源管理、安监及党群信息、信息支持系统等，是电力企业运行、管理的支撑系统，对通信的可用性、可靠性、安全性等要求极高，对时延要求相对较低，一般允许几秒以内；管理办公业务主要分为办公通信和办公信息两种，主要满足企业内外通信需求。办公通信包括视频会议系统、办公电话（内线、外线）、移动电话、Internet、移动办公等。

根据上述电力系统业务需求，电力专用通信网以发展光通信为主，在此基础上发展数据网、语音交换网、时钟同步网、视频会议系统和电力系统独有的电力载波等作为电网的主要通信方式，并采用卫星通信、公网通信作为应急通信或辅助通信方式。随着通信技术的发展，继电保护、安全自动装置、自动化已普遍使用光通信技术，通道可靠性有了极大提高，摆脱了带宽、时延、可靠性等原有通信条件的束缚，跨区域的控制成为可能，跨系统的监视、分析成为现实。电流差动保护、新 EMS 系统等新的电网控制技术得以广泛推广。

近年来，智能电网已成为当前世界范围内被广泛关注的话题，是全球经济和技术发展的必然趋势，国内电力行业也纷纷启动电网智能化的改造。智能电网的核心理念是利用现代信息通信、控制等先进技术，提升电网的智能化水平，适应可再生能源接入、双向互动等多元化电网服务要求，提供安全可靠、经济高效的可持续电力供应。电力专网是智能电网实现的基础，其性能决定了智能化系统的总体性能。为顺利实施智能电网的建设，需要电力专网具备以下能力：（1）智能电网中的各主体之间需要实现充分的信息共享、交互，在智能电网环境下的电力专网必须具备"范围广"和"数量大"的特点。因此，专网建设的重点在于构建广域互联的通信设施。（2）智能电网通信网络架构需要由光纤作为通信介质组成的多层结构通信网络，包括骨干网、局域网、基层区域网，各层次之间是包含与被包含的关系。综上所述，智能电网对电力专用通信网络的要求是建设一个与电网同覆盖的电力双向、实时、互动的通信专网。该承载网络在现有电力专网中不断发展、完善，是现有电力专网的继承与发展。

1.4　专网相关技术

1.4.1　X.25、帧中继、DDN 技术

由于速率的限制，X.25、帧中继、DDN 专线技术已经无法适应现代通信网络应用的需求，完全被 SDH、VPN 等专线技术取代，目前国内主流电信运营商也已完成部分网络的退网，但是这三种技术在早期的专网建设中占据重要的地位，这里对这三种技术进行简要的介绍。

1．X.25

X.25 分组交换网络的传输交换单元是分组（Packet），传输过程采用存储转发机制。X.25 网络将客户数据拆分成多个分组，并标识分组报文的顺序。接收端收到报文后按顺序进行重组，从而还原原始客户数据。因为分组交换过程需要封装、解封装、排序以及重传，因此增加了整个传输过程的时延。X.25 网络延时大，只能提供较低速率的电路。

2．帧中继

帧中继（Frame Relay）属于分组通信技术，定义了物理层和数据链路层的协议规范。帧中继技术大大简化了 X.25 分组网中分组交换机之间的恢复差错、防止阻塞机制，提供面向连接的虚电路服务，数据传输速率较 X.25 网络显著提升，提高了网络的吞吐量。

帧中继工作于数据链路层，使用虚电路机制为帧划分地址。通过不同编号的DLCI（Data Line Connection Identifier，数据链路连接识别符）建立逻辑虚电路。帧中继专线在同一条物理链路层上，可同时承载多条逻辑虚电路。帧中继网络可以根据实际流量信息动态调节各个虚电路的带宽占比，帧沿着各自虚电路设定的路径在网络中传送。

宽带控制机制是帧中继技术的优势。客户向运营商申请的是承诺的信息速率（CIR），客户以低于承诺的速率发送数据时，网络将确保以此速率可靠传送数据；而客户以高于承诺的速率发送数据时，只要不拥塞，网络将不会丢弃超出的部分数据包。

3．DDN 技术

DDN（Digital Data Network），即数字数据网。DDN 专线接入面向用户提供永久性数字连接，采用交叉连接技术和时分复用技术，具有电路交换延时较短、通道透明、独享带宽的特点。DDN 专线电路提供全透明的传输通道，因此可承载各种上层业务的传输。DDN 网络骨干节点机间可以实现故障自动迂回切换，具有较高的可靠性。DDN 专线接入采用交叉连接装置，可根据用户电路速率需要，灵活聚合时隙。

1.4.2 ATM 技术

ATM（Asynchronous Transfer Mode，异步传输模式）是国际电信联盟 ITU-T 制定的标准。实际上在 20 世纪 80 年代中期，人们就已经开始进行快速分组交换的实验，建立了多种命名不相同的模型。欧洲重在图像通信，把相应的技术称为异步时分复用（ATD）；美国重在高速数据通信，把相应的技术称为快速分组交换（FPS）。国际电联经过协调研究，于 1988 年正式将其命名为 ATM，推荐其为宽带综合业务数据网 B-ISDN 的信息传输模式。ATM 是以信元为基础的一种分组交换和复用技术。它是一种为了多种业务设计的、通用的、面向连接的传输模式，具有高速数据传输率和支持许多种类型数据传输，如语音、数据、传真、实时视频、CD 质量音频和图像的通信技术。ATM 采用面向连接的传输方式，将数据分割成固定长度的信元，通过虚连接进行交换。ATM 集交换、复用、传输为一体，在复用上采用的是异步时分复用方式，通过信息的首部或标头来区分不同信道。

　　ATM 网络由相互连接的 ATM 交换机构成，存在交换机与终端、交换机与交换机之间的两种连接。ATM 网络中引入了两个重要概念：VP（虚通道）和 VC（虚通路），它们用来描述 ATM 信元单向传输的路由。一条物理链路可以复用多条虚通道，每条虚通道又可以复用多条虚通路，并用相同的标识符来标识，即 VPI 和 VCI。VPI 和 VCI 独立编号，VPI 和 VCI 一起才能唯一地标识一条虚通路。相邻两个交换节点间信元的 VPI/VCI 值不变，两节点之间形成一个 VP 链和 VC 链。当信元经过交换节点时，VPI 和 VCI 进行相应的改变。一个单独的 VPI 和 VCI 是没有意义的，只有进行连接之后，形成一个 VP 链和 VC 链，才形成一个有意义的连接。在 ATM 交换机中，有一个虚连接表，每一部分都包含物理端口、VPI 值、VCI 值，该表是在建立虚电路的过程中生成的。

　　在专网的建设过程中，采用 ATM 技术打造公司主干网时，能够简化网络的管理，消除了许多由于不同的编址方案和路由选择机制的网络互连所引起的复杂问题。ATM 集线器能够提供集线器上任意两个端口的连接，而与所连接的设备类型无关。这些设备的地址都被预变换，例如很容易从一个节点向另一个节点发送一个报文，而不必考虑节点所连的网络类型。ATM 管理软件使用户和他们的物理工作站可以非常方便地移动。通过 ATM 技术可完成企业总部与各办事处及公司分部的局域网互联，从而实现公司内部数据传送、企业邮件服务、语音服务等功能，并通过连接 Internet 实现电子商务等应用。

　　ATM 专线业务则是基于国内电信运营商建设的 ATM 网络，为客户提供保证多种质量服务等级（QoS）的、速率范围一般在 64kbit/s～622Mbit/s 的虚电路（PVC）通道服务。该服务提供现有业务的综合接入能力，支持帧中继（FR）业务、专线数据业务（DDN）、PSTN、N-ISDN 业务等。近年来，随着 SDH/MSTP、VPN、IPRAN/PTN 等专线技术的发展，ATM 专线的市场占有率逐年减低；另一方面，作为我国 ATM 市场上排名第一的供应商——北电网络（Nortel Networks）的破产，严重影响了 ATM 网络的维护与售后，对 ATM 专线业务的安全可靠性造成了一定的隐患。因此，主流电信运营商已经停止对 ATM 网络的扩容建设，现阶段以整合现有网络资源、提高资源利用率以及 ATM 专线用户的迁移为主，预计未来 3～5 年将进行 ATM 网络的退网工作。

1.4.3 SDH 技术

SDH（Synchronous Digital Hierarchy，同步数字体系），根据 ITU-T 的建议定义，是为不同速率数位信号的传输提供相应等级的信息结构，包括复用方法和映射方法，以及相关的同步方法组成的一个技术体制。

随着通信的发展，从最早的语音传输，到目前需要传送文字、数据、图像和视频等信息。为了满足传输内容的发展需求，在 20 世纪 70 年代至 80 年代，出现了上节提到的 X.25、帧中继、DDN 等多种网络传输技术。然而随着社会信息化程度的加深，各类信息化应用对承载网络提出更高的要求，需具备更快的网络传输速率，更经济有效的业务提供能力。而上述网络技术由于其业务的单一性，扩展的复杂性，带宽的局限性，仅在原有框架内修改或完善已无济于事。SDH 就是在这种背景下发展起来的。自 20 世纪 90 年代 SDH 被引入我国以来，至今已经发展成一种成熟、标准的技术，由于其具备高度的安全性及可靠性，在专用通信网络的建设中被广泛采用。

SDH 采用的信息结构等级被称为同步传送模块 STM-N（Synchronous Transport Mode，N=1、4、16、64）。SDH 采用块状的帧结构来承载信息，每帧由纵向 9 行和横向 270×N 列字节组成，每个字节含 8bit，整个帧结构分成段开销（Section Overhead，SOH）区、STM-N 净负荷区和管理单元指针（AU PTR）区三个区域。其中段开销区主要用于网络的运行、管理、维护及指配，以保证信息能够正常灵活地传送，它又分为再生段开销（Regenerator Section Overhead，RSOH）和复用段开销（Multiplex Section Overhead，MSOH）；净负荷区存放真正用于信息业务的比特和少量用于通道维护管理的通道开销字节；管理单元指针用来指示净负荷区内的信息首字节在 STM-N 帧内的准确位置，以便接收时能正确分离净负荷。SDH 传输业务信号时，各种业务信号要进入 SDH 的帧都需经过映射、定位和复用三个步骤。映射是将各种速率的信号先经过码速调整装入相应的标准容器（C），再加入通道开销（POH）形成虚容器（VC）的过程。帧相位发生偏差称为帧偏移。定位是将帧偏移信息收进支路单元（TU）或管理单元（AU）的过程，它通过支路单元指针（TU PTR）或管理单元指针（AU PTR）的功能来实现。复用是通过字节交错间插方式把 TU 组织进高阶 VC 或把 AU 组织进 STM-N 的过程。由于经过 TU 和 AU 指针处理后的各 VC 支路信号已实现相位同步，因此该复用过程是同步复用原理，与数据的串并变换相类似。

目前，SDH 广泛地应用在广域网领域和专用通信网领域。中国移动、中国电信及中国联通等主流电信运营商都已在全国范围内建设了基于 SDH 的光传输网络，用于承载 IP 增值业务、ATM 业务或直接以租用电路的方式出租给企、事业单位。在专网领域，部分大规模的行业、事业机构也采用了 SDH 技术架设系统内部的专网，以承载数据、远程控制、视频、语音等业务。而对于部分没有条件独立架设专用 SDH 网络的中小企业，多采用了租用电信运营商电路的方式。由于 SDH 是基于物理层的，这类中小企业可在租用电路上承载各种业务而不受传输的限制。承载方式有很多种，可以是利用基于 TDM 技术的综合复用设备实现多业务的复用，也可以利用基于 IP 的设备实现多业务的分组交换。总体来说，在政府机关和对安全性非常注重的企业中，SDH 专线电路组网得到了广泛的应用。

1.4.4　MSTP 技术

MSTP（Multi-Service Transport Platform，多业务传输平台），是将 SDH 传输技术、以太网、ATM、POS 等多种技术进行有机融合，以 SDH 技术为基础，将多种业务进行汇聚并进行有效适配，实现多业务的综合接入和传送，以及 SDH 从纯传送网转变为传送网和业务网一体化的多业务平台。大部分电信运营商的城域传输网络仍以 SDH 设备为主，基于技术成熟性、可靠性和成本等方面综合考虑，以 SDH 为基础的 MSTP 技术在城域网应用领域一直扮演着十分重要的角色。随着数据、宽带等 IP 业务的迅猛增长，MSTP 技术的发展主要体现在对以太网业务的支持上。

MSTP 将传统的 SDH 复用器、数字交叉连接器（DXC）、WDM 终端、网络二层交换机和 IP 边缘路由器等多个独立的设备集成为一个网络设备，即基于 SDH 技术的多业务传送平台（MSTP），进行统一控制和管理。基于 SDH 的 MSTP 最适合作为网络边缘的融合节点支持混合型业务，特别是以 TDM 业务为主的混合业务。在专用通信网组网中，它十分适合于大型企业、事业单位用户驻地。而且即便对于已敷设了大量 SDH 网的电信运营公司，以 SDH 为基础的多业务传输平台也可以更有效地支持分组数据业务，有助于实现从电路交换网向分组网的过渡。所以，它已经成为城域传输网主流技术之一。MSTP 的实现基础是充分利用 SDH 技术对传输业务数据流提供的保护恢复能力和较小的延时性能，并对网络业务支撑层加以改造，以适应多业务应用，实现对二层、三层的数据智能支持。即将传送节点与各种业务节点融合在一起，构成业务层和传送层一体化的 SDH 业务节点，成为融合的网络节点或多业务节点，主要定位于网络边缘。

MSTP 技术在现有城域传输网络中得到了规模应用。与其他技术相比，它的技术优势在于：解决了 SDH 技术对于数据业务承载效率不高的问题；解决了 ATM/IP 对于 TDM 业务承载效率低、成本高的问题；解决了 IP QoS 不高的问题；解决了 RPR 技术组网限制问题，实现双重保护，提高业务安全系数；增强数据业务的网络概念，提高网络监测、维护能力；降低业务选型风险；实现降低投资、统一建网、按需建设的组网优势；适应全业务竞争需求，快速提供业务。

在电信运营商网络中，MSTP 使传输网络由配套网络发展为具有独立运营价值的带宽运营网络，利用自身成熟的技术优势提供高性价比的带宽资源，主要用于满足运营商城域带宽以及专线电路租用的需求。由于自身多业务的特性，利用 MSTP 设备构建的城域传输网可以根据用户的要求提供种类丰富的带宽服务内容。使用 MSTP 技术的传输设备在网络调度等一些方面融入智能特性，可以方便、快捷地建立业务，从而进一步保证带宽运营的可实施性，满足专线市场对于城域传输网络的需求。

1.4.5　MPLS VPN 技术

MPLS 是一种第三层路由结合第二层属性的交换技术，引入了基于标签的机制，它把路由选择和数据转发分开，由标签来规定一个分组通过网络的路径。MPLS 最初是应用在基于三层交换的 IP 核心网络，主要是为了解决路由转发速度问题。传统的 IP 数据网是无连接的网络，路由器根据所收到每个包的地址去查找匹配的下一站，并进行相应的转发。但由于路由器使用的是最长前缀匹配地址搜索，无法实现高速转发，因此引入了 MPLS 技术以实现其高速转发。MPLS 的运行原理是给每个 IP 数据包提供一个标记，并由此决定数据包的路径以及优先级。这样，兼容 MPLS 的路由器在将数据包转送到其路径前，仅读取数据包标记，无须读取每个数据包的 IP 地址以及标头，然后将所传送的数据包迅速传送至终点的路由器，进而减少数据包的延时。

MPLS 网络由核心部分的标签交换路由器（LSR）、边缘部分的标签边缘路由器（LER）组成。LSR 可以看作是 ATM 交换机与传统路由器的结合，由控制单元和交换单元组成；LER 的作用是分析 IP 包头，用于决定相应的传送级别和标签交换路径（LSP）。标签交换的工作过程可概括为以下 3 个步骤：

① 由 LDP（标签分布协议）和传统路由协议（OSPF、IS-IS 等）一起，在 LSR 中建立路由表和标签映射表；

② LER 接收 IP 包，完成第三层功能，并给 IP 包加上标签；在 MPLS 出口的 LER 上，将分组中的标签去掉后继续进行转发；

③ LSR 对分组不再进行任何第三层处理，只是依据分组上的标签通过交换单元对其进行转发。

随着数据技术的不断发展及路由器性能的不断提高，路由的高速转发已经不存在问题了，MPLS 的优势更多地体现在提高数据业务的服务质量、实施流量工程以及组建 VPN 上。

MPLS VPN 是指采用 MPLS 技术在骨干的宽带 IP 网络上构建企业 IP 专网，实现跨地域、安全、高速、可靠的数据、语音、图像多业务通信，并结合差别服务、流量工程等相关技术，将公众网可靠的性能、良好的扩展性、丰富的功能与专用网的安全、灵活、高效结合在一起。MPLS VPN 是在公用的通信基础平台上提供私有数据网络的技术，主要用于电信运营商通过隧道协议和采用安全机制为行业、企业客户提供私密性服务。MPLS VPN 与传统的专有线路/租用线路相比，费用低廉，而且能较好地满足客户需求，所以一经推出马上受到了想自己组网又怕建网或者租借链路费用昂贵的客户的欢迎。

MPLS VPN 的市场在我国已经进入成长期，主流的电信运营商都提供相应的产品。目前，对于 MPLS VPN 技术的发展，主要需要关注以下几个方面。首先，运营商一定结合其他的专线通信技术，如 SDH/MSTP、帧中继、ATM 来提供满足不同行业用户不同需求的整体解决方案；二是要确保运营质量，如可靠性、QoS 等；三是要努力降低网络操作维护的复杂度，提高网络的利用率，优化网络资源的使用；四是要加强和内容提供商的合作，特别要注意及时引入新业务吸引用户。随着运营商推出的 MPLS VPN 服务越来越普及，可能产生的最主要问题是特殊安全需求和互联互通问题。在我国，在公共信息基础平台上发展专有网络已是大势所趋，唯一让用户担心的是安全性。实际上，MPLS VPN 针对一般用户，已经可以提供虚电路级的安全性。但是在特殊要求的场合，比如公安、国防领域、电子政务、电子交易、传送敏感信息以及商业文件时，用户需要更加安全的保障措施。所以在吸引此类传统的专网用户时，运营商应该着力应对，提出更值得信赖的解决方案，比如 IPSec 加上 MPLS VPN 接入技术。当然，安全问题不可能仅靠运营商的 MPLS VPN 来解决，MPLS VPN 接入技术也保证不了绝对的安全，所以行业主管部门要推进对验证、加密算法等手段的强制应用，司法部门要加强对信息盗窃的处罚。对互联互通，国家规划部门应该及早着手，避免人为的信息孤岛、信息隔绝造成网络资源浪费，促进不同运营商网络的互通，方便用户站点的联通。标准制定部门应该强制 MPLS VPN 产品具备我国规范要求的兼容性和互通性，促进正当竞争的同时避免出现国外产品在我国的实际垄断。

1.4.6　PTN/IPRAN 技术

谈到基于 MPLS 技术的新一代接入专线网络技术，必然会引出 PTN 与 IPRAN 两种技术实现方式。PTN 与 IPRAN 技术选择之争从标准制定之日起就不曾有过丝毫平息，各大电信运营商基于自身网络和业务承载的特点，作出了适合各自发展的技术选择。中国移动主要通过建设 PTN 网络无线基站及政企业务进行承载；中国电信结合已具相当规模的 IP 城域网和承载网骨干网，建设 IPRAN 接入承载网；中国联通在基站及大客户的接入技术上也采用了 IPRAN。在国外应用方面，北美运营商（AT&T、Verizon、Sprint）主要采用 IP/MPLS 方案；日本和欧洲移动业务运营商对端到端 PTN 方案和端到端路由器方案均有采用。

PTN 技术更贴近于传统传输思维，是创新性引入 MPLS-TP 技术实现电路带宽统计复用的新型传输技术。而 IPRAN 技术是在传统 IP MPLS 技术上，引入面向连接、端到端的资源分配、OAM、统一的可视化网管和同步能力等传输网特征，实现的一种新型 IP 承载技术。这样看来，PTN 和 IPRAN 都是对传统传输网和传统 IP 网的一次技术融合。因此，随着无线及政企业务承载带宽需求的不断增长，IP/MPLS 技术和 PTN 技术将逐步取代了传统的基于 SDH/MSTP 的承载网技术，成为未来承载网的主流技术。加快承载网的分组化改造，将是未来承载网发展的主要方向。

1. PTN

PTN 技术是 IP/MPLS、以太网和传送网 3 种技术相结合的产物，融合了数据通信和 SDH 传输技术的优势。它具有多业务承载的特性，可以差异化地对不同业务进行分类传送。通过引入二层面向连接的先进分组技术，PTN 技术可以实现网络 LSP 路径规划、LSP 带宽规划、LSP 隧道监控与保护、业务端到端规划与监控等，轻松实现流量工程，做好整网规划，保证网络的整体性能。

经过研究与现网验证，PTN 技术在网络规划和运维上继承了 MSTP 的理念，同时面向未来 IP 业务能实现统一承载，将是未来承载网的主流技术。然而，广泛部署的传统 T1/E1 接口和基础网络将会继续与新的面向分组的设备长期共存。

2. IPRAN

IPRAN 中的 "IP" 指的是互联协议，"RAN" 指的是 "Radio Access Network"。相对于传统的 SDH 传送网，IPRAN 的意思是："无线接入网 IP 化"，是基于 IP 的传送网。网络 IP 化趋势是近年来电信运营商网络发展中最大的一个趋势，在该趋势的驱使下，移动网络的 IP 化进程也在逐步地展开。作为移动网络重要的组成部分，移动承载网络的 IP 化是一项非常重要的内容。

传统移动运营商的基站回传网络是基于 TDM/SDH 建成的，但是随着 3G 和 LTE 等业务的部署与发展，数据业务已成为承载主体，其对带宽的要求在迅猛提高。SDH 传统的 TDM 独享管道的网络扩容模式难以支撑，分组化的承载网建设已经成为一种不可逆转的趋势。

1.4.7 WDM 技术

WDM（Wavelength Division Multiplexing，波分复用）是利用多个激光器在单根光纤上同时发送多束不同波长激光的技术。每个信号经过数据（文本、语音、视频等）调制后都在它独有的色带内传输。光通信是由光来运载信号进行传输的方式。在光通信领域，人们习惯按波长而不是频率来命名。因此，所谓的波分复用（WDM），其本质上也是频分复用而已。WDM 是在 1 根光纤上承载多个波长（信道）系统，将 1 根光纤转换为多条"虚拟"纤。当然每条"虚拟"纤独立工作在不同波长上，这样极大地提高了光纤的传输容量。由于 WDM 系统技术具有经济性与有效性，因此成为当前光纤通信网络扩容的主要手段。波分复用技术作为一种系统概念，通常有 3 种复用方式，即 1310 nm 和 1550 nm 波长的波分复用、稀疏波分复用（CWDM，Coarse Wavelength Division Multiplexing）和密集波分复用（DWDM，Dense Wavelength Division Multiplexing）。

密集波分复用（DWDM）在电信运营商一级干线的骨干传输网系统建设中被广泛应用，DWDM 可以承载 8～160 个波长，而且随着 DWDM 技术的不断发展，其分波波数的上限值仍在不断地增长，两波间隔一般不大于 1.6 nm，主要应用于长距离传输系统。在所有的 DWDM 系统中都需要色散补偿技术（克服多波长系统中的非线性失真——四波混频现象）。在 16 波 DWDM 系统中，一般采用常规色散补偿光纤来进行补偿；而在 40 波 DWDM 系统中，必须采用色散斜率补偿光纤补偿。DWDM 能够在同一根光纤中把不同的波长同时进行组合和传输，为了保证有效传输，一根光纤被转换为多根虚拟光纤。DWDM 的一个关键优点是它的协议和传输速度是不相关的。基于 DWDM 的网络可以采用 IP 协议、ATM、SONET/SDH、以太网协议来传输数据，处理的数据流量在 100Mbit/s 和 100Gbit/s 之间。这样，基于 DWDM 的网络可以在一个激光信道上以不同的速度传输不同类型的数据流量。从 QoS（质量服务）的观点看，基于 DWDM 的网络以低成本的方式来快速响应客户的带宽需求和协议改变。

近年来，OTN 作为 WDM 技术发展的重点，引起广泛关注。光传送网（OTN）是以波分复用技术为基础、在光层组织网络的传送网，是下一代的骨干传送网。OTN 跨越了传统的电域和光域，成为管理电域和光域的统一标准。OTN 处理的基本对象是波长级业务，将传送网推进到真正的多波长光网络阶段。电域方面，OTN 保留了许多传统 SDH 传送体系行之有效的方面，如多业务适配、分级的复用和疏导、管理监视、故障定位、保护倒换等。同时，OTN 扩展了新的能力和领域，如提供对更大颗粒的 2.5G、10G、40G 业务透明传送的支持，通过异步映射同时支持业务和定时的透明传送，支持带外 FEC 的支持以及多层、多域网络联接监视等。光域方面，OTN 第一次为波分复用系统提供了标准的物理接口，同时将光域划分成 OCH、OMS、OTS 三个子层，允许在波长层面管理网络，并支持光层提供的 OAM（运行、管理、维护）功能。为了管理跨多层的光网络，OTN 提供了带内和带外两层控制管理开销。OTN 集传送和交换能力于一体，是承载宽带 IP 业务的理想平台。骨干层通过引入 OTN 构建光电一体化大颗粒调度网络，可实现 IP 与光的融合。通过 OTN 的光电两级调度模式，网络灵活性将大大提高，使得骨干网全网状（Full Mesh）成为可能，汇聚节点直接互联可减少穿越流量，降低网络设备投资。同时，网络转发效率、扩展性和可维护性将有所提升。此外，将 OTN 的光电两级保护与 IP 网三层路由保护相结合，增加了网络可靠性，能够满足各类业务统一承载、无缝调度的需求。

第 2 章
专网的架构

2.1 行业内部组网简介

专网的内部组网主要指通过路由器、交换机、防火墙、服务器、终端设备等网元组成的为各行业信息化应用提供业务承载的网络。根据网络覆盖的范围区分为网络节点内组网和网络节点间组网。

2.1.1 网络节点内组网

网络节点内组建的专网主要用于服务单一建筑内或者某个小范围几栋建筑内的行业用户，组网示意如图 2-1 所示。

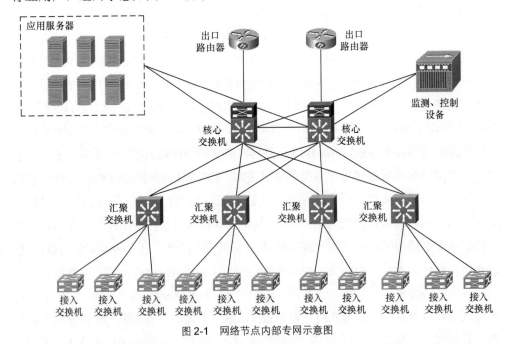

图 2-1 网络节点内部专网示意图

从上述示意图可以看出，对于一个专用通信网的网络节点，其内部组网通常采用三层结构，即接入层、汇聚层和核心层。由于网络覆盖范围有限，层级之间的网络设备物理连接主要采用网线或光纤的方式。

接入层：主要指网络中直接面向用户或者终端设备连接的部分，一般采用二层交换机作为接入层设备，接入层交换机在整个网络中的数量最多。由于接入层的目的是允许用户及终端连接到网络，所以接入交换机具有低成本和高端口密度的特性，同时要求其易于使用和维护，能够在恶劣的环境下稳定工作。

汇聚层：主要负责连接接入层节点和核心层中心，即汇聚分散的接入层设备，扩大核心层设备的端口密度，汇聚各区域数据流量，实现整个节点内专网的优化传输。汇聚层交换机作为多台接入交换机的汇聚点，必须能够处理来自接入层交换机的所有信息量，并提供到核心层的上行链路。因此，汇聚层交换机与接入层交换机比较，需要更高的性能、更少的接口和更高的交换速率。对于某些特殊的情况，也可以设置多级的汇聚层，通过二级或者三级的汇聚达到流量优化的目的。汇聚层交换机的部署原则主要是根据专网服务的终端或用户的职能或地理位置等属性决定的。例如对于某个企业的总部大楼，可以根据不同的职能部门相应部署汇聚层交换机，每个汇聚交换机用于处理单一部门的数据流量，或者也可以根据楼层部署，根据接入交换机的数量，每三至五层部署一台汇聚交换机；在高校场景，整个高校内教育网作为一个专网网络节点，在不同的宿舍楼设置汇聚交换机，每个汇聚交换机汇聚数台楼层接入交换机，再接入到高校计算机中心核心层网络；在石油行业生产专网中，通常以采油厂为单位建设网络节点，在网络节点内部，除在厂中心通信机房设置核心层设备外，一般以作业区和增压点设置两层汇聚层网络，一个作业区汇聚多个增压点，每个增压点汇聚多个井场的数据流量。

核心层：位于网络的顶层，作为网络的主干部分，主要负责可靠和迅速地传输大量的数据流。如果核心层设备出现故障，将会影响整个网络内每一个终端及用户。因此，在投资允许的情况下，可以在核心层成对地部署设备，互为备份，以提高核心层的容错能力。建议在专网的核心层避免部署诸如访问控制、VLAN 划分和包过滤等功能，也不要通过核心层直接接入终端或用户。当由于核心层设备性能不足导致网络需要扩展时，应当直接对设备进行升级改造，而不是扩充设备数量。网络核心层设备采用具有路由功能的三层交换机或者路由器设备，要求其具有高可靠性和吞吐量。在网络结构中，系统信息平台应用服务器群直连接入核心层设备，各专网用户及终端设备通过核心层设备访问各应用服务器来实现信息化应用；网络安全、检测及控制等设备采用旁挂或串行的方式接入核心路由器，根据需要对整个网络进行审计监控、访问控制或者入侵检测等。在节点内专网建设过程中，根据行业信息化应用对安全性的要求，可在建筑内设置一个或者多个核心网络机房，用于部署核心交换机和各类应用服务器等设备。

2.1.2 网络节点间组网

专网的节点间组网主要关注的是网络节点之间的互联方式及状态，其网络规模与专网所属行业生产、营销地域或者政府部门职能管辖范围一致，其网络节点通常需要设置在省内各市、区、县，部分大型机构或企业则需在全国范围内各省份部署网络节点，跨国企业甚至需要在各国建立网络节点并相互连接实现数据通信。

根据行业、政府信息化应用需求，专网节点间的通信模式分为点对点、点对多点、多点对多点。

点对点模式：主要指在行业或企业专用通信网中两个网络节点之间的数据通信。采用一条传输专线连接两个网络节点，通常两个节点独占此线路进行通信。目前各类行业、企业及部门专用通信网络中，点对点模式十分常见，比如部分中小型企业规模较小，信息化应用简单，只需要完成两个节点间的日常信息交互，或政府两个独立部门间的互通，只需将涉及对方部门管辖范围内的信息共享给对方等。点对点通信网络结构示意图如图2-2所示。

图 2-2　点对点通信示意图

点对多点模式：主要指在专网中某个比较重要的网络节点到多个网络节点之间的数据通信，其中该节点至每个分节点都可看作一个独立的点对点通信。一个专用通信网络是否采用点对多点模式组网主要取决于该企业或政府部门的组织架构关系，例如大型央企，总部位于北京，其余分支机构分散在全国各省、市、县、乡。除最底层的分支结构外，每级每个网络节点与所管辖范围的下级节点都需采用点对多点的模式组网；政府各职能部门也是类似情况，在北京设置核心的政治机构，然后在全国各省份设置省厅、市局、县、乡、所等节点，各级单位需要将相应信息化应用收集的数据上传至上级网络节点汇总，通过各级数据汇聚分析，最后上传至位于北京的核心节点，形成总体宏观的数据资料为决策部门制定相应的规章制度提供参考。

点对多点的专用通信网组网多采用星型拓扑架构，对简单的"总部—分支"模式采用一级星型拓扑结构，而对于上述提到的全国、全省范围内设置各级节点的情况则需要采用三级甚至四级星型组网。对于星型组网这种集中控制型网络，整个网络由中心网络节点执行集中通行控制管理，各节点的通信都要通过中心节点。每个有数据发送需求的网络节点都需要将数据发送到核心节点，再由核心节点负责将数据送到目的节点。因此，网络中心节点的设置相对复杂，而其他各节点的通信处理负担较小，只需要满足链路的简单通信要求。在星型网络拓扑结构中，每个网络节点都通过各自的传输专线连接到中心节点，所以当某段传输专线出现故障时，只会造成那一个网络节点的通信中断，不会对整个专用通信网造成大范围的影响。不同于树型拓扑结构，多级星型结构对于最上层根节点，也就是核心网络节点的依赖性不是太大。即使最上层核心网络发生故障，不会导致整个专用通信网无法正常工作，专网中二级节点到三级节点、三级节点到四级节点间的信息通信仍然会保持通畅。图 2-3 是一个三级星型拓扑结构的点对多点通信网络结构示意图。

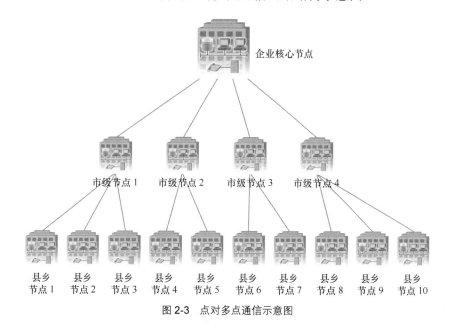

图 2-3　点对多点通信示意图

多点对多点模式：指在专用通信网中并没有一个明确的核心网络节点，各网络节点之间均有信息通信需求的组网模式。另外一种情况就是专网内存在多个核心网络节点，其他网络节点对多个核心节点都有通信的需求，而且核心节点之间也需要频繁的数据交互。通常多点对多点的专网组网采用网状拓扑结构，每个网络节点都与其他数个节点之间采用传输专线互连。这种连接方式的经济性不强，安装配置比较复杂，但专网中任意两个节点之间存在着两条或者两条以上的通信路径，使得整个网络的可靠性高，容错能力强。在网状结构中，每一个网络节点都与其他所有节点互联的结构称为全网状结构（Full mesh），该结构强调的是网络的互通性，确保专网内所有的网络节点互联互通。

多点对多点模式组建的专网适用于行业或者企业跨越的地域范围大，并且内部不同部门或分支机构有频繁信息化业务来往需求的情况。由于相对点对多点的星型组网模式来说，这种组网的控制较为复杂，传输专线建设或者租用成本较高，不易扩充，所以目前只有少数全国性行业或规模较大的企业采用这种组网模式。例如在银行金融行业的骨干专用通信网络中，需要设置多个数据中心和容灾备份中心，各数据中心之间需要频繁的数据交互以实现用户金融资料的同步，同时数据中心也需要实时将金融数据发送至容灾备份中心，提高整个网络系统的安全性、可靠性。多点对多点的模式同样也适应于大型互联网企业的数据中心组网，该类企业为提高客

25

户使用其互联网产品时的网络响应速度，通常在全国范围内多个大型城市部署数据中心网络节点。为实现网络软硬件资源及用户信息数据的共享，要求各数据中心网络节点互联互通，形成多点对多点的网状拓扑架构，为互联网企业具备云服务能力提供安全可靠的网络承载基础。多点对多点通信网络结构示意图如图2-4所示。

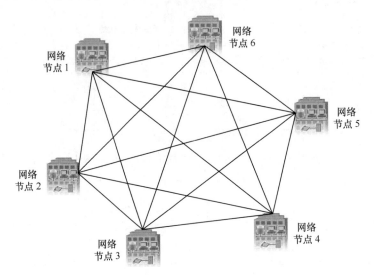

图 2-4　多点对多点通信示意图

政企专用通信网的发展都是与其行业或者政府部门自身业务及规模的发展相关联的，往往最初都是从单一的网络节点内通信开始，随着企业扩张成立分支机构或政府部门设置下级行政管理机构，专用通信网的建设也开始需要满足网络节点之间的数据通信，逐步研究出点对点、点对多点的通信模式。在此基础上，部分大型企业的经营规模进一步扩大，根据产品线的多样性及各区域中心的设立，网络核心节点增多，节点之间的互通性增强；在行政领域，各政府行政部门除了自身的通信需求外，部门与部门之间的互联互通增多，专网也向着多层级演进，在一定区域或单个部门内仍然采用点对多点的星型拓扑结构组网，而核心层骨干网络节点间形成多点对多点的网状拓扑结构组网模式。近来年，云计算技术迅猛发展，并且在电信宽带运营商及互联网企业信息中心中运用得越来越普及。云技术本身就是基于分布式架构的软硬件资源共享技术，因此当越来越多的行业、政府单位对其信息化应用平台进行云化改造后，将要求专用通信网络中用于承载云计算平台系统的网络节点相互连接，形成全网状结构。

2.2　传输专线简介

根据上一章介绍的行业内部组网结构可以看出，传输专线主要关注的是专用通信网络中网络节点之间的连接方式，描述的是一种电路的承载手段。总体来说，传输专线根据其建设模式分为自建和租用两种模式。

2.2.1　自建传输系统方式

部分大型国有企业或涉及军事的部门，会根据各自特殊的需求自行建设独立的光缆网及骨干传输系统。由于目前 SDH 传输系统或基于 OTN 技术建设的波分传输系统都具备保护倒换的特性，可以提供高安全、可靠性传输通道，因此拥有自建传输系统的企业或机构可以直接通过 SDH 或波分传输系统来承载专网网络节点之间的互联电路。对于传输系统未覆盖区域的网络节点，首先通过光纤直连、PON、IPRAN/PTN 或 SDH 等专线接入手段将数据传送至部署有骨干传输系统设备的网络节点，再通过该骨干传输系统与远端节点实现互联。

2.2.2　租用专线电路方式

目前在国内各政企专网中，网络节点的互联主要采用租用运营商专线电路的方式。专线电路出租业务作为电信运营商重要的收入来源，主要是利用运营商自有通信网络资源或租用其他运营商的资源，为政企客户在其机构网点间提供高质量专用传输通道。可实现多种速率的带宽和多种类型的接口，满足其政企客户访问互联网或各分支机构之间的业务传送需求。电信运营商根据政企客户业务特点的不同和对安全级别要求的差异，可采用不同的技术进行接入，具有量身定制、保密性好、稳定且灵活的特点。

宽带运营商提供的专线电路租用业务主要采用贴近物理层和数据链路层的数据传送技术，在帧中继、ATM 等技术逐渐被淘汰后，目前主流的出租专线电路采用SDH、MSTP 以及 IP VPN 等技术手段。政企用户在选择租用专线电路的技术方式时，通常需要结合网络节点组织架构、网络节点内组网设备端口类型、业务带宽需求和租用费用等因素综合考虑。但是由于大多数政企用户对通信网络技术方面的关注不如宽带运营商的网络技术人员，也无法及时了解到最新的网络技术发展，因此很多时候无法准确提出诸如带宽需求、网络架构、业务流量流向等，也无法全面地了解运营商提供的专线电路运行原理及适用场景。这个时候就需要宽带运营商的网络工程师对政企客户的现有专网组网情况、业务种类、使用业务的人员规模进行调研，分析制定流量流向模型，并合理预测客户专网的发展演进路线，为政企客户量身定制相应的专线电路产品。本书将在第 10 章介绍租用专线电路组建专网的案例分析。一方面，通过对相关行业的专网建设介绍，让政企行业客户更深入地了解各专线电路产品的实际应用场景；另一方面，也可以为宽带运营商业务营销人员提供参考案例，便于更准确地为政企客户定制专线电路组网方案。

　　此外，政企用户也可以选择租用电信运营商的光纤或者传输系统波道组建传输专线。目前，国内主流电信运营商中国移动、中国电信和中国联通在全国范围内都建有完善的骨干光缆网，均已形成网状结构，主要的城市都具有多条光缆路由。在骨干光缆网的基础上开通了规模庞大的波分系统，节点间波道的速率高达100Gbit/s。随着近年来"宽带中国"战略的推进，各大运营商也先后启动了"光网城市"的建设，形成了资源丰富的接入光缆网。同时在主要城市和区县也都建设了城域及县乡 OTN 波分系统，用于承载各类运营商自营及带宽型出租业务。前面在专网的发展中提到，早期对于大部分央企或者政府主导的大型工程来说，专用通信网络的建设由国家投资，相对于整个行业或者工程的建设成本，网络建设投入的费用占比较小，对于专网的投资效益的关注也比较低，因此该类企业或者工程通常采用自建传输专线的模式实现信息化应用及业务的承载。这种建设模式可以从物理层面隔离专网与公网的联系，从而提高专网的整体安全性，并且建设方也具有更多的自主性，可以量身打造更适合企业或者工程自身特点的专网。但是随着国企改革以及行业间竞争的压力，网络建设的投资效益问题也越来越被重视。同时，实际的工程建设过程中，在网络节点间敷设光缆是件十分复杂的工程。在整个光缆通路的敷设过程中，管道、杆路等基础设施的建设才是重点和难点。我国城市地下管道线路管理体制和权属复杂，涉及中央和地方两个层面30多个职能和权属部门，在城区通过建设管道线路布放光缆的协调工作量巨大。同时，城市地下管网是一个极其复杂庞大的系统。首先是管道类型复杂，比如有给水、排水、煤气、电力、热力，电信以及工业管道等大致七种类型。另外，地下管网的埋深不一，材料不同，年代不同，归属不同，有些管网数据早已失去，所以新建管网的施工过程极易导致挖断其他管网，造成工程陷入施工开挖—挖断管网—通知管线单位—确认损失—赔偿—修复—继续开挖的恶性循环。考虑到以上的诸多因素，对于有自建传输系统需求的行业或者政府工程，采用租用运营商光缆的建设方式是十分高效的。各行业或者政府专用通信网的建设主体通常以租用的运营商光缆为基础，在此之上组建自己独立的波分或者 SDH 传输系统，再通过这些传输系统综合承载各类行业、政府信息化应用。该建设模式既保障了整个网络系统的安全、稳定性，又降低了工程实施的复杂度。站在电信运营商的角度来说，由于长距离的骨干光缆资源相对稀缺，而且新建投入巨大，运营商基本不会将骨干的光纤出租给行业或者政府机构。因此，对于跨省市的长途电路，专网中传输专线系统的建设一般采用租用波道的模式。波道出租业务的优势在于，目前主流的 OTN 波分系统可以实现对不同的客户信号进行封装并提供透明的传输通道，并且对于各行业及政府专网建设主体来说，这种波道租用的方式还可以减轻后续对长途电路的维护压力，减少运维人员及维护成本的投入。

第 3 章
行业专网承载业务分析

3.1 专网承载业务分类及组网模式

各类专用通信网络承载业务从性质上大致可区分为数据类业务、调度通信类业务及视频类业务三大类。

3.1.1 数据类业务

1. 业务介绍

数据类业务主要包括办公 OA、数据库资料访问、采集数据汇总上报以及互联网接入访问等，这类业务系统通常采用 C/S 软件架构，即大家熟知的客户机和服务器结构。C/S 架构的基本原则是将信息化应用任务分解成多个子任务，由多台终端分工完成，即采用"功能分布"原则。客户端完成数据处理、数据表示以及用户接口功能；服务器端完成 DBMS（数据库管理系统）的核心功能。客户端和服务器端常常分别处在专网不同的网络节点内，客户端程序的任务是将用户的要求提交给服务器端程序，再将服务器端程序返回的结果以特定的形式显示给用户；服务器端程序的任务是接收客户程序提出的服务请求，进行相应的处理，再将结果返回给客户程序。

2. 组网模式

数据类业务在专用通信网中数量最多，应用最为广泛。对于某企业或者政府部门专网，通常在某个重要节点设置数据中心，用于部署多个数据业务应用服务器设备，其他网络节点的用户通过专网连接至该数据中心进行数据业务应用的操作。下面以一个三级星型结构的企业专网为例简要介绍数据类业务的组网模式。

结合前文提到的 C/S 软件架构，可以看出对于一个多级结构的专网（常见的如省总部—市分公司—县分公司），运行各类数据业务应用服务器程序的服务器设置在总部数据中心，专网各级终端用户通过接入本地专网路由器与总部数据中心建立连接，并运行客户端程序将用户的要求提交给核心数据中心的服务器程序，待服务器程序完成进行相应的处理，再将结果返回给终端用户。同时，根据数据业务规模的大小，可设置多级数据中心，如图3-1所示，终端用户C和D发出的客户端程序请求只需在本地二级数据中心内完成主要的处理工作，并在闲暇时段（通过程序设置通常在晚上或者周末）将处理后的信息汇总上传至总部的数据中心，随着数据中心节点的下沉，将极大地节省各级数据中心节点间的传输电路带宽。

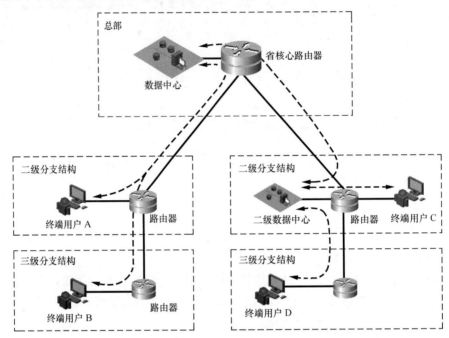

图 3-1　数据应用组网结构图

3.1.2　调度通信类业务

1．业务介绍

专用调度通信作为一项重要的通信手段，广泛用于交通、电路、军事等各级各部门的统一指挥和大中型能源相关生产企业的生产调度。目前行业主流调度通信系统是基于 SIP 通信协议，可实现多媒体融合电话网络与 PSTN 网络、移动网络之间的语音、视频、文本、传真、短信等多种通信功能为一体的多媒体融合通信。具备电话会议及调度等多种功能，可以充分满足政府部门及大中型企业中生产管理的需要。调度通信系统由各类服务器（根据功能的需求可配置调度服务器、录播服务器、视频代理服务器、视频会议服务器、多媒体调度台、录音系统等）、调度台、录音系统和各种多媒体终端设备组成，具有以下特点：①采用国际标准 SIP 通信协议，系统更具扩展性和灵活性；②不限定移动还是固网接入，无论总部还是分支机构，都可以统一接入，无障碍使用；③电脑、手机和固话统一分配号码，灵活切换，不同的终端享受相同的通信和办公服务。实现异地多人协同工作，降低通信成本。

2．组网模式

对于目前比较主流的基于 IP 承载专网的多媒体融合系统，在总部设置调度中心配备调度服务器、录播服务器、视频代理服务器、视频会议服务器、多媒体调度台、录音系统等设备服务器及调度台；根据需要在各级分支节点部署包括调度控制台、录音系统和各种多媒体终端设备，为调度员提供日常调度通信中包括话音、视频、图像、文字在内的多种沟通交流手段。调度系统通过 SBC 和 AG 设备与现有软交换及传统交换网络对接实现语音通信功能；其中视频代理网关将传统监控系统和本系统实现无缝对接，将监控摄像头代理为 SIP 终端，实现通过其他 SIP 终端查看各个监控摄像头；配置有视频会议服务器的多媒体融合调度系统可以从一定程度上实现多路终端的语音视频会议，支持多画面融合。组网结构示意图如图 3-2 所示。

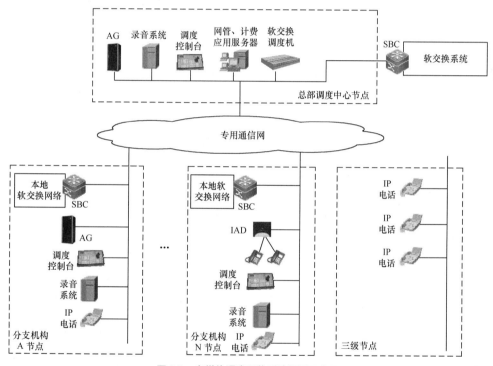

图 3-2　多媒体调度通信系统组网示意图

3.1.3　视频类业务

1．业务介绍

视频类业务在各行业专网中被广泛地使用，该类业务的特点是：两个或者两个以上的人或者机构，通过现有的各种传输媒体，将人物的静、动态图像，语音，文字，图片等多种资料分送到各个用户的视频终端上，使得在地理上分散的用户可以共聚一处，通过图形、声音等多种方式交流信息，增加双方对内容的理解能力。视频类业务按各功能操作特点，大致可分为三类业务模式：视频通信、远程教育及视频监控。视频通信是一种以视频为主的交互式多媒体通信，利用现有的图像通信技术，进行本地区和远程地区之间的点对点、点对多点之间的全双向视频、全双工音频，以及数据等交互式信息实时通信；远程教育目前主要应用于高校、政府部门或培训机构，是指通过音频、视频（直播或录像）以及包括实时和非实时在内的通信技术把课程传送到本期以外节点的教育方式；视频监控业务是安全防范系统的重要组成部分，其基本业务功能是提供实时监控的手段，并对被监控的画面进行录像存储，以便事后回放，在此基础上，高级的视频监控系统可以对监控装置进行远程控制，并能接收报警信号，进行报警触发与联动。

2．组网模式

根据上文介绍，目前视频通信，远程教育及视频监控三种业务模式在专网中应用比较广泛，以下就对这三种模式的组网进行简要介绍。

（1）视频通信

通常视频通信系统包括MCU多点控制器、视频终端、PC桌面型终端、Gatekeeper（网闸）等几个部分。各种不同的终端都连入MCU进行集中交换，组成一个视频通信网络。其中MCU是视频业务系统的核心部分，为用户提供群组视频通信、多组视频通信的连接服务。以"总部—分支"专网组网模式为例，该模式下视频通信系统的网络部署结构图如图3-3所示。

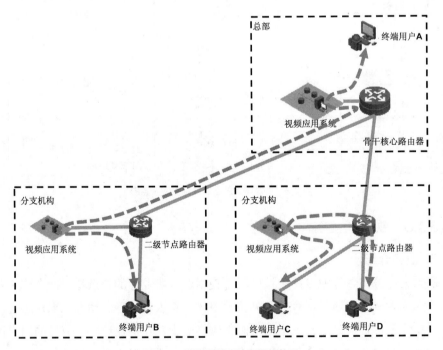

图3-3　视频通信系统组网结构图

从图中可以看出,视频通信系统主要根据业务需求部署在总部及分支机构节点。当总部需要与分支机构进行通信时,终端用户 B 可采用视频终端或 PC 桌面型终端连接二级节点路由器接入专网,统一连接到部署在本地分支机构视频通信系统的 MCU 设备,通过 MCU 建立至总部的视频连接与终端用户 A 进行通信;在分支机构内部用户间视频通信的情况下,终端用户 C 同样采用视频终端或 PC 桌面型终端连接二级节点路由器接入专网,然后通过本地分支机构的 MCU 设备直接建立至机构内终端用户 C 的视频通信连接。通常在视频通信需求较小的情况下可只在总部部署 MCU 设备,分支结构只用安装视频终端或 PC 桌面型终端,但是在这种组网模式下,总部同时对分支机构多用户进行视频通信(如视频会议)或者同一机构内部用户间的视频通信会占用较多的总部至分支机构间的电路带宽资源。

（2）远程教育

远程教育主要运用于教育专网和政务专网中,根据前文介绍远程教育分为实时和非实时两种类型,实时远程教育系统和视频通信系统类似,通过部署 MCU 为远端用户提供视频教育内容;非实时远程教育无需视频两端的用户同时在线,教学视频提供方可以将录制好的教学视频存放在远程教育系统的存储服务器中,远端的学员可以在任何时间登录该系统点击播放视频教育内容,原理类似于公网中的视频点播业务。以政府部门远程教育系统为例,组网结构图如图 3-4 所示。

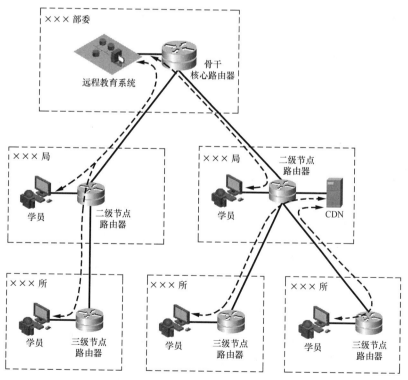

图 3-4　非实时远程教育系统组网结构图

远程教育服务器系统部署在中央部委或者省级政府部门，通常包括应用服务器及存储设备，该系统主要用于存储远程教育视频及各级学员的登录认证等工作。该部门管辖范围的内的各级局、所学员通过本地的路由器接入到政务专网中，登录远程教育系统并点播学习教育视频。对于部分专网规模较大的部门，也可以采用 CDN 结构（内容分发网络）在二级甚至三级节点部署缓存服务器设备。

简单地说，内容分发网络（CDN）是一个策略性部署的整体系统，包括分布式存储、负载均衡、网络请求的重定向和内容管理 4 个要件，而内容管理和全局的网络流量管理（Traffic Management）是 CDN 的核心所在。通过用户就近性和服务器负载的判断，CDN 确保内容以一种极为高效的方式为用户的请求提供服务。总的来说，内容服务基于缓存服务器，也称作代理缓存（Surrogate），它位于网络的边缘，距用户仅有"一跳"（Single Hop）之遥。同时，代理缓存是内容提供商源服务器（通常位于 CDN 服务提供商的数据中心）的一个透明镜像。这样的架构使得 CDN 服务提供商能够代表他们客户，即内容供应商，向最终用户提供尽可能好的体验，而这些用户是不能容忍请求响应时间有任何延迟的。从以上 CDN 的介绍可以看出，在部署有缓存服务器节点及其管辖范围的下级节点无需通过与核心层的远程教育系统建立网络连接下载视频流，只需要通过该节点的缓存服务器进行数据通信，从而提高学员的远程视频教育体验并节省了核心节点至缓存服务器所在节点的传输专线电路带宽。

（3）视频监控

一个典型的视频监控系统由前端摄像机、网络硬盘录像机、解码器、流媒体服务器、管理服务器、平台软件等组成。根据业务需求及监控范围可选用集中管理、存储或者分布式存储、集中管理两种网络架构方式。各组件的功能如下。

➢ 摄像机

针对监控场所的不同，选择半球、红外摄像机、枪机、红外球机等作为视频采集接入部分。

➢ 网络硬盘录像机

在分布式存储的组网结构中，网络硬盘录像机作为前端编码存储设备。同时，部分厂家网络硬盘录像机可作为语音对讲主机，实现总部和分公司之间的可视语音对讲功能。

➢ 流媒体服务器

为了减小网络访问对网络硬盘录像机的压力，解除网络硬盘录像机网口的访问限制，通常部署在总部监控中心机房。

➢ 解码器（数字矩阵系统）

以数字解码方式将从前端获取的视频码流解码输出至电视墙。根据拼接屏以及实际使用情况，在监控中心部署多台数字解码器。

➢ 管理服务器

作为视频监控系统的大脑，所有设备信息均注册保存在管理服务器内。设备访问权限、用户使用权限均由管理服务器分配。它维系整个监控系统的数据库。

➢ 客户端

用于监控系统的日常操作端，登录管理服务器，获取相关设备信息，完成预览、控制、回放、接警、处警、语音对讲等操作。

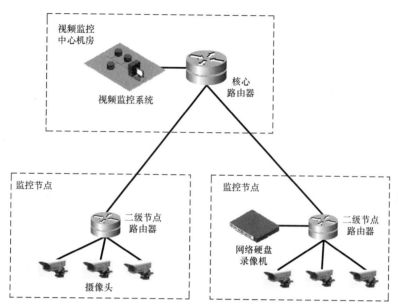

图 3-5　视频监控系统组网结构图

3.2　各类业务对于专网网络性能的需求

相对于电信运营商为公众用户提供的互联网访问、语音通信及互联网电视等公网业务，专网通信网承载的各类行业信息化业务在服务理念与其有着本质的区别。运营商提供的互联网业务是建立在尽力而为的服务思想上，不需要为服务提供可靠的服务质量保证；而行业或者政府部门内部的信息化应用及业务，其本身存在的意义就是为了满足行业或者政府部门内特定的生产调度及管理等特殊通信需求，通常需要其承载专网为业务应用提供基于端到端的保障能力。因此，前面提到的行业及政府部门内部运行的数据类、调度通信类及视频类业务应用对网络 QoS、同步性、保护倒换及安全可靠性提出了更高的要求。

3.2.1　网络指标

1. QoS

IP QoS 是指 IP 网络的一种能力，即在跨越多种底层网络技术（FR、ATM、Ethernet、

SDH 等）的 IP 网络上，为特定的业务提供所需要的服务。衡量 IP QoS 的几个基本指标包括：可用性、吞吐量、延时、延时变化（包括抖动与漂移）和丢包率。

可用性：是当用户需要时网络即能工作的时间百分比。可用性主要是设备可靠性和网络存活性相结合的结果。影响它的还有一些其他因素，包括软件稳定性以及网络演进或升级时不中断服务的能力。

吞吐量：是在一定时间段内对网上流量（或带宽）的度量。对 IP 网而言，可以从帧中继网借用一些概念。根据应用和服务类型，服务水平协议（SLA）可以规定承诺信息速率（CIR）、突发信息速率（BIR）和最大突发信号长度。承诺信息速率是应该予以严格保证的，对突发信息速率可以有所限定，以在容纳预定长度突发信号的同时，容纳从话音到视频、图像以及一般数据的各种服务。一般讲，吞吐量越大越好。

延时：指一项服务从网络入口到出口的平均经过时间。许多服务，特别是话音和视频、图像等实时服务都是高度不能容忍延时的。当延时超过 200ms 时，交互式会话是非常麻烦的。为了提供高质量话音和会议电视，网络设备必须要保证低的延时。产生延时的因素很多，包括分组延时、排队延时、交换延时和传播延时。传播延时是信息通过铜线、光纤或无线链路所需的时间，它是光速的函数。在任何系统中，包括同步数字系列（SDH）、异步传输模式（ATM）和弹性分组环路（RPR），传播延时总是存在的。

延时变化：是指同一业务流中不同分组所呈现的延时不同。高频率的延时变化称作抖动，而低频率的延时变化称作漂移。抖动主要是由于业务流中相继分组的排队等候时间不同引起的，是对服务质量影响最大的一个问题。某些业务类型，特别是话音和视频、图像等实时业务是极不能容忍抖动的。分组到达时间的差异将在话音或视频、图像中造成断续。所有传送系统都有抖动，只要抖动落在规定容差之内就不会影响服务质量。利用缓存可以克服过量的抖动，但这将增加延时，造成其他问题。

丢包率：指在网络传输过程中丢失报文的百分比，用来衡量网络正确转发用户数据的能力。不同业务对丢包的敏感性不同，在多媒体业务中，丢包是导致图像质量恶化的根本原因，少量的丢包就可能使图像出现马赛克现象。

2．同步

在专用通信网络中，部分行业应用（特别是金融、社会服务行业等）的正常运行要求全网设备之间的频率和时间差异保持在合理的误差水平内，即网络时钟同步的需求。同步包括时钟同步和时间同步两个概念。

时钟同步：就是所谓频率同步，是指信号之间在频率或相位上保持某种严格对应关系，最普通的表现形式是频率相同，相差恒定，以维持通信网中相关设备的稳定运行。

时间同步：即相位同步，是指信号之间的频率不仅相同，相位也要保持相同，因此时间同步一般都包括时钟同步。时间同步是对时间基准点进行校准，用它解决与时间密切相关的问题，如计费、结算等。

3. 网络可用度

随着专用通信网络的高速化以及其承载的各类行业信息化应用在生产和管理过程中的重要性越来越高，对承载网可靠性的要求也在提高。通常采用网络可用度定量地分析网络容忍故障并持续提供服务的能力。网络可用度是对于给定的任意时间 t，在 t 时刻网络处于可用状态的概率。

对于网络可用度，其指标定义如下：

平均故障间隔时间：MTBF（Mean Time Between Failures），即在规定的条件下和规定的时间内，系统累计运行时间与故障次数之比。

数字段和数字线路系统、光纤系统可用度和可用度参数及计算方法：

$$M = \frac{1.14 \times 10^5}{F}$$

式中：M 为 MTBF（年/故障）；

　　　　F 为故障率（Fit）。

平均修复时间：MTTR（Mean Time To Repair），即在规定的条件下和规定的时间内，网络系统在任一规定的维修级别上，修复性维修总时间与在该级别上被修复网络的故障总数之比。

可用度：A（Availability），指可维修产品在规定的条件与时间内，维持其规定功能的能力，它综合反映可用度和可维修性。计算方法为，网络能工作时间除以能工作时间与不能工作时间的和。

$$A = \text{MTBF} / (\text{MTBF} + \text{MTTR})$$

年停机时间：DT（Down Time），即在一年内，网络由于故障维修而处于不能工作的全部时间之和。停机时间与可用度之间的换算关系：

$$\text{DT} = (1 - A) \times 8760 \times 60$$

通常所指的网络可用度包括可靠性和可维修性两个方面。可靠性用 MTBF 来衡量，可维修性用 MTTR 来衡量，而可用度则用 A 来衡量。

网络可用度在专用通信网中是一个十分重要的指标，相对于对承载业务尽力而为的公网，高网络可用度是专网最突出的优势和政企用户选择通过专网承载业务的根本原因。从网络架构上来看，专网和公网最大区别在于组网技术的选择通常具备环网、多路由等特点，网络设备的部署多采用双机，主备模式。以下就通过实际数据分析来阐述组网过程中采用环网、双机等如何提高网络的可用度。

对于网络的可用度，通常采用典型不可修系统模型进行分析测算。典型不可修系统模型通过将系统表示为串联系统、并联系统、冗余系统等，以及这些系统的混合系统来计算可靠度。这里主要对串联系统、并联系统进行分析，具体模型如图所图 3-6 所示。

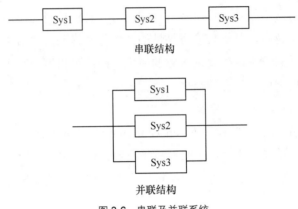

图 3-6 串联及并联系统

对于串联系统，其可用度计算公式为

$$A_s = \prod_{i=1}^{n} A_i$$

式中：

    A_i——第 i 个单元的可用度

    n——单元个数

对于并联系统，其可用度计算公式为

$$A_s = 1 - \prod_{i=1}^{n}(1 - A_i)$$

以下以一个简单的点对点通信为例进行测算，网络结构如图 3-7 所示。

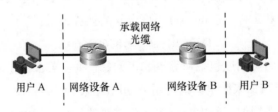

图 3-7 点对点直接通信

用户 A 通过承载网络与用户 B 建立连接，形成点对点的通信能力。因为只有当两台网络设备及光缆都正常工作的情况下才能实现网络通信，任何设备或者光缆故障都会导致连接失败，所以对于承载网络而言，其系统可用度 A_s=光缆可用度×设备可用度=A 设备可用度×B 设备可用度×光缆可用度。假如我们取网络设备 A 和 B

的可用度为 99%，光缆可用度为 99%，可以得出整个承载网系统的可用度=99%×99%×99%=0.970299，即年中断时间为 260 小时。

图 3-8　环网组网

如图 3-8 所示，当网络设备间采用环网组网时，单一的光缆 A 或者 B 中断并不会造成通信的中断，只有当两条光缆同时中断时才会导致连接失败，所以系统可用度 A_S=光缆可用度×设备可用度=A 设备可用度×B 设备可用度×[1-（1-A 光缆可用度）（1-B 光缆可用度）]。同样取网络设备 A 和 B 的可用度为 99%，光缆可用度为 99%，可以得出整个承载网系统的可用度=99%×99%×[1-（1-99%）（1-99%）]=0.98002，即年中断时间为 175 小时。

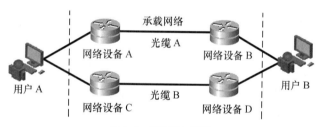

图 3-9　双机设备组网

当承载网络采用双机设备组网时，不光单一的光缆 A 或者 B 中断并不会造成通信的中断，即使 4 台网络设备中任意 1 台故障都不会导致连接失败，所以系统可用度 A_S=1-（1-A 设备可用度×B 设备可用度×A 光缆可用度）×（1-C 设备可用度×D 设备可用度×B 光缆可用度）。同样取网络设备 A、B、C、D 可用度为 99%，光缆可用度为 99%，可以得出整个承载网系统的可用度=1-（1-99%×99%×99%）×（1-99%×99%×99%）=0.999118，即年中断时间为 7.73 小时。

从上述对比测算可以看出，当采用环网及双机设备进行组网时，整个承载网系统的可用度明显提升。现实中测算承载网系统需要考虑的因素更多，除了双设备外，单一设备的双电源、双板卡等配置都从一定程度上提升整机的可用度指标，目前主流厂家通信设备的可用度通常可以达到 99.999%以上；光缆的可用度视光缆长度而定，距离越长可用度越低。通常在同一个城市范围内的专用承载网络可用度可达到 99.99%以上，年中断时间在分钟级别。

需要注意的是对于不同的业务而言，承载网可用度程度的高、低并不是唯一的考虑因素。例如话语、调度等业务，即使通过环网承载，一旦发生某条路由光缆中断，但是业务没有及时切换到环网中另外一条路由上时，业务也会发生中断。所以对于该类业务而言，判断网络是否可以满足业务承载需求除了关注网络可用度的指标还需要结合保护倒换时间（网络自愈能力）等因素。

4．网络自愈能力

网络的可靠性主要涉及设备和网络两个部分。设备的高可靠性主要体现在各种级别设备的软、硬件高可靠设计，如关键模块和板卡的备用冗余能力等，而网络高可靠性主要体现在网络自愈时间要求等。

自愈包括保护和恢复两个概念。保护是指在故障发生前为工作实体指定了备用资源，并可保证备用实体的带宽等资源，从而实现在故障发生时的快速自愈。恢复是不预先分配备用资源，而在故障后再计算和分配备用路径和带宽等，因此自愈时间难以保证。比较而言，保护技术对故障的反应更快些，但是恢复技术通常能达到更好的资源利用效果。

保护倒换技术是一种提高网络可靠性的手段，是提供一定的网络冗余，在网络发生故障时将流量转移到备用路径上去，从而保证业务能够快速恢复的一种技术。保护倒换技术覆盖网络及设备的各个层次，从网络的角度来说，一般分为路径保护和端口保护。典型的运营商级以太网业务需要达到 50ms 的业务自愈时间，业务中断一旦超过这个时间，就会使得用户体验变差，造成巨大的损失。因此，运营商级网络必须提供足够的手段来保障网络可靠性，保护倒换技术就是其中最主要的手段。

5．网络保密性

网络的保密性是指网络信息不被泄露给非授权的用户、实体的过程，即信息只为授权用户使用。在军事通信、金融信息化服务、企业专网等这样的专用通信网络系统中，数据的保密性尤为重要，一旦发生信息泄露，不仅仅会造成企业或者个人经济上的损失，更为严重的可能会威胁到国家的安全。根据我国制定的《信息安全技术信息系统安全等级保护基本要求》，等级保护的安全建设主要分为物理安全、网络安全、主机安全、应用安全和数据安全。其中网络安全主要通过结构安全与网段划分、网络访问控制、拨号访问控制、网络安全审计、边界完整性检查、网络入侵防范、恶意代码防范、网络设备防护等手段实现。

3.2.2　各类业务的属性分析

各类专网承载业务的属性分析见表 3-1。

表 3-1　　　　　　　　　　　　　　　业务属性表

业务类型	可用性	吞吐量	延时	延时变化	丢包率	网络自愈能力
数据类业务	一般	一般	一般	一般	一般	一般
调度通信类业务	极高	低	极高	极高	极高	极高
视频类业务	高	高	高	极高	极高	极高

以上业务属性是以大多数行业应用业务为基础进行分析得出的，不排除某些行业信息化业务有其特殊的应用场景，对于承载网络的要求与上表不符。总体来说，数据类业务属于一个"灰度"的业务，对网络的服务质量要求并不是太严格，可能存在较大的延时、抖动、丢包率，如办公 OA、应用采集信息上报等业务传递，最终能收到就可以满足行业生产、运营的需求。而调度通信类业务，如基本点对点语音通信、群呼则属于"黑白"业务，只用"通"或者"不通"两种状态，不通就可能导致应对突发事件时各级部门间无法通信，造成企业的经济损失。这类业务对网络自愈能力的要求高，但是相对于数据和视频类业务，调度通信类业务的控制及媒体流较小，不需要网络设备具备高速数据的处理能力。在视频类业务中，高清化及规模化的发展趋势越来越明显，比如视频会议、远程监控等业务。随着网络节点的增加以及高清编解码技术的应用，对专网网络带宽的需求量增大。而且视频类业务本身就要求网络具备一定的 QoS 能力，否则会造成图像卡顿或者画面出现马赛克。关于网络的保密性，大多数专用通信网都会要求与公网物理隔离，从一定程度上保障专网内通信数据安全。但是根据其所属行业的不同，对专用通信保密性的要求也不尽相同，需根据政企自身的特点制定不同的等级保护安全级别，并对网络进行安全、控制设备的部署，来提升整体网络系统的安全保密性。

1．数据类业务

在各专网业务类型中，数据类业务的应用数量及场景都是最多的，例如 OA 企业办公系统，行业数据库资源访问，各类基础信息采集上报业务等。这类业务的特点通常是终端用户数量多，单终端触发业务占用网络带宽小，实时性要求不强。因此，相对于调度通信及视频类业务，数据类业务对专用通信承载网络的带宽、QoS 等方面要求不是太严格，关注的主要是网络边缘节点的广阔分布及多用户终端的接入能力。但是作为行业及政府信息化应用，数据类业务要求其承载专网具有一定的可用度和安全保密性。

2．调度通信类业务

基于 SIP 通信协议的调度通信系统的信令、控制和媒体流主要封装在 IP 数据报文中，利用 IP 专用通信网络承载调度通信系统的多媒体信息流。目前 NGN 业务功能类型主要包括传真、话音、视频及信息类。

根据通信行业标准 YD/T1071－2000《IP电话网关设备技术要求》，网络质量分级如表 3-2 所示。

表 3-2　　　　　　　　　　　　网络质量分级表

网 络 等 级	延时（ms）	包丢失率	抖动（ms）
良好（自定义）	≤40	≤0.1	≤10
较差	≤100	≤1%	≤20
恶劣	≤400	≤5%	≤60

在不同网络质量下，调度通信类业务的功能表现总结如表 3-3 所示。

表 3-3　　　　　　调度通信类业务功能在各网络环境中的使用情况表

业务类型		良好网络业务表现	较差网络业务表现	恶劣网络业务表现
传真	透传	可用	不可用	不可用
	T.38	可用	可用	可用
话音	G.711a/u	优	良	中
	G.729a/b	良	良	差
	G.723	良	接近良	中
视频	384k	未见劣化、可用	轻微优化、可用	明显劣化，不可用
消息类		可用	可用	可用

如果需要支持基于 G.711 透传方式的传真功能，必须要求承载专网的质量达到良好（网络延时≤40ms，延时抖动≤10ms，丢包率≤0.1%），语音、视频等功能的质量主观评价可达到良以上，其中 G.711 的话音业务质量可达到优。

如果不需要支持基于 G.711 透传方式的传真功能，承载专网质量在较差的条件下（网络延时≤100ms，延时抖动≤20ms，丢包率≤1%），话音、视频等业务的质量主观评价可达到良，基本满足系统功能开通需要。在承载专网质量为"恶劣"的条件下，大多数调度通信类业务功能达不到开通的要求。除了网络的 QoS 指标外，为了保证调度通信系统的运行，要求网络具备一定的稳定性，在较长时间内保证网络的可用性。在满足网络稳定性的必要条件下，承载网质量要求不能低于以下指标（注：在最低指标下透传方式的传真功能不可用）：带宽满足功能规划需要；网络延时≤100ms；延时抖动≤20ms；丢包率≤1%。

3．视频类业务

总体来说，视频类业务属于流媒体应用的一种，对网络带宽要求高。同时作为一种通信手段，其对实时性要求高。因此，视频类业务与通常的数据业务有很大不同，在带宽、QoS、安全性、可靠性等方面对承载专网有很高的技术要求。对于承载视频业务，最为关注的网络指标是带宽。目前最普通的视频通信单条媒体流必须达到 2Mbit/s 或者 2Mbit/s 以上的网络带宽，部分高清的视频通信要求节点网络带宽不低于 8Mbit/s。随着近年来网真视频技术的普及，视频通信业务对带宽的需求将进一步提升。在其他网络指标方面，根据前面对视频类业务的分类介绍，远程教育和视频监控是非交互式的流媒体应用，对实时性的要求不是很高，可以通过设置缓存来降低对延时的敏感性。视频通信是交互式流媒体传送，实时性要求比较高，对数据包延时的敏感度高。除类似远程医疗这类点对点视频通信业务外，大部分视频业务，如视频会议、视频监控和远程教育，本质上都是点到多点的业务，采用传统的点对点链路来组网，传送效率较低，因此，应尽量采用广播型的传输介质，如 RPR、Ethernet 等。在组网时，可适当采用环网。通常视频类业务都需要提供端到端的服务，承载专网需要在用户终端、视频系统服务器之间提供 QoS 保证，其 QoS 要求见表 3-4。

表 3-4　　　　　　　　　　　各视频类业务 QoS 需求表

业　　务	延　　时	抖　　动	丢　包　率
视频监控	1s	1s	1/1000
远程教育	2s	1s	1/1000
视频通信	150ms	50ms	1/1000

注：表 3-4 中 QoS 需求是一个推荐值，参考承载有视频应用部分行业现网的网络运行指标，具体可根据实际的需要进行修正。

结合目前专用通信网业务融合承载的发展趋势，在专网的建设过程中，节点间带宽需要按照各类业务同时触发考虑。简单来说，就是将网络承载的所有业务峰值流量带宽需求累加起来，并适当预留冗余带宽来建设专网中的传输专线。对于 QoS、可用度、同步及保密性等网络指标，按照最严格的业务需求作为参考。

第4章
行业内部组网

4.1 节点组网模式

4.1.1 总体网络组织架构

政企专网的网络传统承载方式有多种，如传输语音信号的交换专网，传输视频信号的视频专网，传输控制信号的控制专网等，这些传统的承载专网在如今的互联网时代由于其局限性和封闭性已逐渐被 IP 承载方式所取代。现阶段 IP 网络由于其可靠、可拓展、开放且智能，已经在政企组网中大规模部署，语音、视频、控制信号在 IP 管道中可以安全高效的传送，因此，本章网络组织架构主要以 IP 网为对象进行描述，其作为综合承载网，仅在安全级别要求不同的时候才区分多张不同的网络。

多节点间的基础组网方式通常有环形、树形、网状型等，此处不做详述。政企专网节点间组网依据点位分布和应用场景可结合多种基础组网方式，同时根据承载专网的业务需求和组织架构的特点，一般采用分区分层的方式进行系统建设。

分区：横向上，考虑网络涉及的业务应用及安全保密级别，包括政务网络、业务网络、互联网接入网络等各个方面。为了重要业务功能不受其他网络干扰，保障重点网络安全，在横向结构上分为互联网区、业务区、内网区等，支撑相关的各项业务应用。各网络之间通过防火墙、网闸等安全设备进行联通，在隔离网络区域的同时，严格控制网间少量流量的信息交换，在特殊安全要求环境下，可阻断网络间的联通，形成完全的物理隔离网络。

分层：纵向上，考虑到总部、分中心、接入分部及现地设施等的行政机构设置，根据业务方面各自不同的应用需求，结合网络的高效性和扁平化布置，在纵向结构上分为 3 至 4 层，具体层数可根据实际情况取定。一般分层架构如下。

第一层：核心层，政府机构或企事业单位总部；

核心层与外网或其他网络连接可采用防火墙等安全设备进行互联，互联链路可根据其安全要求采用单链路单方向或双链路双方向互联。

第二层：汇聚层，行政管理分中心、区域分中心等；

汇聚层上联至核心层可根据核心节点设置采用单上联或双上联方式。具体传输链路方式的选取参见第 5 章。

第三层：接入层，接入部门和单位；

由于地理位置局限，接入层上联至汇聚层一般采用单上联方式；对于汇聚层部署节点丰富，且安全性要求高的情况可采用双上联方式。

第四层：现地数据采集层，各类数据采集，如探测器、摄像头等。

在部分网络中，接入层已是网络末端，而在如水利、交通、石油等行业还存在现地数据采集层。

由于地理位置局限，接入层上联至接入层一般采用单上联方式。

需说明的是，应用系统总体上采用集中部署方式，便于集中维护和资源共享，只需针对不同层次进行分权分域设置，满足不同用户的访问需求和访问权限即可。

某 4 层架构网络组网拓扑图示例如图 4-1 所示。

4.1.2　网络节点设置

网络节点主要根据其所在的地理位置设置。

一般而言，网络节点的部署和纵向网络组织结构的部署相关联，同一节点可部署横向上各种不同的网络。

核心节点通常选取在已有中心城市的的中心节点，建设及维护条件优良，且需要具备一定的可扩展空间。当条件具备时，核心层建议采用双节点部署，无论是在机房环境安全或是在路由安全方面均具备较高的可靠性。条件不具备时，核心层可采用单节点部署，也建议设置与核心节点非同局址的灾备中心。

汇聚节点和接入节点可根据行政范围来划分，当以行政范围划分光缆或传输资源不足时可根据网络资源条件来划分，管理区域划分可与网络部署划分有所区别。现地数据采集节点根据需求部署，部署位置应尽量靠近接入节点，以便终端设备的IP 化接入。

当不同层次网络处于同一网络节点内部时，可在节点内设置层次划分和安全设备部署。当安全性和权限要求不高时，也可将下层网络直接作为节点内网络接入点并入上层网络建设中。

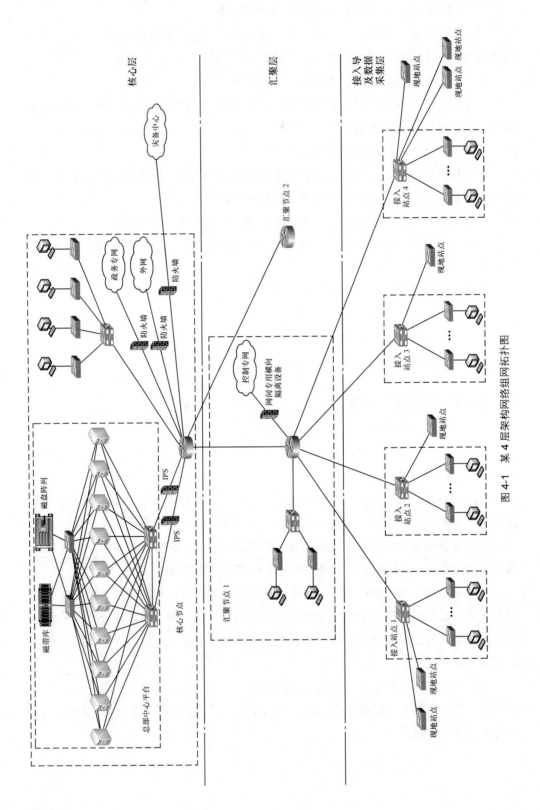

图 4-1 某 4 层架构网络组网拓扑图

4.1.3 带宽需求测算

随着网络用户数量和网络业务流量的增加，需相应的扩容并优化网络结构以满足业务需求。网络的扩容涉及网络设备的扩容，但如何将有限的资金合理投入到网络建设中，往往是困扰决策者的一个难题，例如在一条链路的扩容上，扩容偏大则造成投资浪费、难以产生经济效益，扩容偏小则不能满足用户需求、影响用户感知。因此，一个准确有效的流量预测模型在网络建设中非常重要。

带宽需求可以按新建网络和扩容网络来测算。

1. 新建网络

首先将网络的承载业务进行分类，总体上可以分为视频业务、语音业务及数据业务。

节点出口带宽需求＝（节点视频业务带宽需求＋节点语音业务带宽需求＋节点数据业务带宽需求）×冗余系数

视频业务带宽需求：包括视频监控、视频会议等视频业务需求，用于建设一个具有高可靠性、技术先进、图像稳定清晰、功能完善、使用灵活方便的多媒体视讯平台。根据视频信号路数、摄像头分辨率、网络编码方式、帧率的不同，取不同的带宽进行计算，如 4CIF 分辨率下，一个标准的 MPEG-4 视频流带宽为 1.5Mbit/s。视频业务带宽需求＝单路视频带宽需求×视频信号路数。

在具备多级视频分发平台的情况下，上联视频业务带宽可除去分发平台命中视频带宽需求，如二级视频分发平台上联带宽＝（1−二级视频分发平台命中率）×∑（单路视频带宽需求×视频信号路数）；一级视频分发平台上联带宽＝（1−一级视频分发平台命中率）（1−二级视频分发平台命中率）×∑（单路视频带宽需求×视频信号路数）。

语音业务带宽需求：以 IP 承载网为基础传送平台，通过在该网络部署软交换网络系统设备，将数据、语音和视频集中在一个统一的 IP 网络之上，可通过基于 IP 的软交换网络技术应用，建立一个基于标准的、分布式的、开放的综合通信网络结构，满足现代化政企专网的多媒体综合通信需求。

由于网内话务量相对较少，且通过 IP 承载，不占用中继电路资源，因此只需在各本地网 TG/SG 设备上配置出局中继电路。具体配置方式如下：出局中继电路需求＝各节点用户总数×每用户线忙时话务量/每中继线忙时话务量/30×出局比例。其中，每用户线忙时话务量为 0.08erl，每中继线忙时话务量为 0.7erl，每个 VoIP 通道带宽为 100kbit/s 的，出局比例可按 30% 计算。

数据业务带宽需求包括管理信息、控制信息、监测信息、文本信息等。此类信息业务需求带宽量较小，且并发率不高，可根据实际情况计算，如某节点估算每用户在线带宽需求 0.5Mbit/s，用户数为 50 人，并发率为 40%，数据业务带宽需求=0.5Mbit/s×50×40%=10Mbit/s。

冗余系数：依据网络未来预计用户人数和业务发展目标来取定，当网络用户和业务预计不会大规模增长时，为保护投资，可取 20%～30%的冗余系数。

2．扩容网络

扩容网络也可以采用新建网络的计算方法，用需求容量减去网络现有容量即可得到扩容规模，但由于这种方法对网络流量的预测偏差通常较大，如可以得到网络现有流量情况，则可以采用时间曲线外推法进行更细化的预测。

对网络流量模型的研究采用观察—分析—假设—验证—结论的方式，首先观察现网各设备的流量数据和转换成的流量曲线，分析流量的变化趋势和规律，然后对网络流量模型提出假设，采用科学方法验证假设是否合理真实，若假设成立，得出相应结论，以预测未来的流量趋势。

（1）数据采集

从行政管理部门可以得到现网的用户数和网络建设后所需承载的用户数；

通过网管系统收集网络中各层级的历史流量数据；

通过业务部门得到未来网络中各类业务类别的发展趋势。

（2）预测思路

以时序流量趋势外推法为基础，结合基于市场策略、经济水平分析的应用模型以及基于流量分析的空间模型，建立流量预测模型。

➢ 时间模型

结合多个年份或多个月份的网络流量数据，基于应用模型，综合考虑用户行为以及业务特点对流量的影响，采用流量曲线外推法，可以预测出未来网络流量和所需带宽。

通过软件可采用线性、二次曲线甚至指数曲线对网络流量进行模拟，图 4-2 为某公众业务网络流量预测时间曲线示意图。

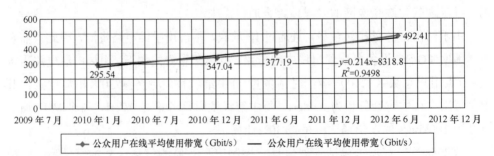

图 4-2 某公众业务网络流量预测时间曲线示意图

> ➢ 应用模型

基于市场策略影响分析：分析业务开展以来，用户平均流量增长与业务拓展的关系，为规划期流量预测提供参考数据。预测未来流量同时应考虑国家政策与企业策略对带宽流速产生的影响。

网络流量=业务 1 用户数×业务 1 每用户流量×业务 1 增长趋势参数+业务 2 用户数×业务 2 每用户流量×业务 2 增长趋势参数+⋯

> ➢ 空间模型

各网络层级中都有部分流量传导至上一层级，同时另一部分流量将终结在本层以内，本层级信息源内容的增加会提高用户层级内终结的比例，降低出层级比例，例如在某汇聚层增加服务器存储设备，其上联流量通常将显著减小。

某层级网络流量=下一层级网络流量×出层级比例

4.1.4　组网设备选型

核心层应设置 1 至 2 台核心路由器作为全网的网络核心，核心路由器应采用大容量、高平台、多槽位路由器设备，具体需求可根据业务和用户需求计算。

路由器容量/交换机总容量=平台等级×槽位数

业务和用户需求=∑（需求端口数×单端口带宽）

为保障设备的持续可用和平滑扩展，建议路由器/交换机总容量>业务和用户需求×1.5。

核心层内部的中心平台可采用两台核心交换机作为平台交换机，平台交换机作为应用服务器区的中心网络设备，与核心节点的核心路由器连接。

根据楼层分布用户数量确定核心节点接入交换机数量和型号，接入交换机一般为 24 口或 48 口一体化交换机，依据终端类型选择支持 POE 供电的交换机或普通交换机。一般每栋楼设置一台汇聚交换机将各层接入交换机汇聚上联，对楼内各机构安全需求划分有别的情况也可设多台汇聚交换机进行汇聚。

汇聚层节点应采用 1 至 2 台汇聚路由器对各接入层节点进行汇聚，节点内接入交换机和汇聚交换机的部署原则与核心节点的接入交换机和汇聚交换机部署原则相同。

接入节点内接入交换机和汇聚交换机部署原则与核心节点的接入交换机和汇聚交换机部署原则相同。

采集节点的网络设备需要根据节点接入需求及环境条件选择。对于单端口接入的节点，可考虑采用光纤收发器将以太口转化为光口进行传输，上联至接入节点或汇聚节点的交换机。对于多个端口需求的节点，在条件较好的室内环境下可选择普通交换机接入，在室外环境或温湿度较差的室内环境下应选择工业交换机实现接入。

4.2　节点组网相关规划方法

4.2.1　IP 地址规划方法

IP 地址的合理分配是保证网络顺利运行和网络资源有效利用的关键。在规划中应充分考虑到地址空间的合理使用，保证实现最佳的地址分配及业务流量的均匀分布。

IP 地址空间的分配和合理使用与网络拓扑结构、网络组织及路由政策有非常密切的关系，对 IP 网络的可用性、可靠性与有效性产生显著影响。应充分考虑本地网的需求，以满足未来业务发展对 IP 地址的要求。

IP 地址规划遵循以下原则：

① IP 地址的规划应该考虑到网络的用户和业务的飞速发展能够满足未来发展的需要，应预留相应的地址段；

② IP 地址的分配需要有足够的灵活性，能够满足各种用户接入的需要；

③ 地址分配是由业务驱动的，按照业务量的大小分配地址段；

④ IP 地址的分配必须采用 VLSM 技术（可变长子网掩码），保证 IP 地址的利用效率；

⑤ 采用 CIDR 技术（无级内部域路由），这样可以减小路由器路由表的大小，加快路由器路由的收敛速度，也可以减小网络中广播的路由信息的大小；

⑥ 充分利用已申请的地址空间，提高地址的利用效率。

1．IP 地址分配方式

专用通信网可以采用静态或者动态地址分配方式，针对不同的用户可采用不同的分配方式。

（1）动态地址分配

动态地址分配对应于基于账号的移动性用户或按时长计费的用户，每次用户建立连接时，经账号认证通过后再分配一个动态 IP 地址，终止连接后则回收该参数。动态地址分配方式主要有 PPPoE 和 DHCP 分配地址两种方式。

（2）静态地址分配

静态地址分配主要用于专线用户。以太网接入采用静态 IP 地址分配时，交换机支持比较强的绑定关系，保证用户信息安全。如 IP 地址的静态 ARP 绑定、IP 地址与物理端口的对应绑定、IP 地址与 VLAN 号的对应绑定等。交换机检查数据帧的 IP 地址和这些参数的绑定关系，允许符合条件的 IP 包通过，丢弃不符合绑定关系的 IP 包。

2．IP 地址优化策略

通常合理的地址规划是使连续的地址尽量在一个区域内，地址规划应充分考虑 CIDR 和 VLSM 的设计思想，保证 IP 地址的最大利用率，适当地预留一些 IP 地址块，保证地址连续。

IP 地址优化策略包括：

① IP 地址尽量采用连续的区块，减少地址碎片；

② IP 地址尽可能采用分层的结构方式；

③ 接口互连地址尽可能采用相同的主地址网段；

④ 通过 loopback 来控制 router id 的选择；

⑤ BGP 路由信息的通告，尽可能采用 network 方式，不宜采用 redis 方式。

4.2.2　QoS 规划方法

1．QoS 需求分析

为满足数据、语音和视频等多媒体业务的需求，网络设计中需要包含优良合理的 QoS 策略。由于网络承载的数据有语音、视频、重要数据，它们对带宽、延迟、抖动、实时性的要求是不同的。例如 VoIP 等实时业务就对报文的传输延迟提出了较高要求，如果报文传送延时太长，将是用户所不能接受的。相对而言，E-mail 和 FTP 业务对时间延迟并不敏感。为了支持具有不同服务需求的语音、视频以及数据等业务，要求网络能够区分出不同的通信，进而为之提供相应的服务。在网络设计和建设上，需充分满足对语音和视频业务的支持，针对不同业务提供不同的服务质量。根据业务网应用系统对网络需求的分析，业务可分为以下几类。

① 数据类：包括各类应用及管理类业务，数据流量大，突发性强，对实时性要求较低，但要求能够可靠传输。

② 视频类：视频等多媒体业务是面向非连接的，对延迟要求高，随机性强，并且一定要保证带宽，但不要求具有语音业务同级的低抖动特点。

③ 语音类：语音业务指 VoIP 类业务，对实时性要求高，随机性强，但流量要求不高。

2．QoS 设计

（1）设备性能设计

为了满足关键业务或用户的服务质量要求，应充分考虑各应用业务分类和拥塞控制技术。从 IP 服务质量设计的角度，网络结构主要有两个部分：网络骨干和网络边缘。网络骨干主要由核心路由器组成，它提供以下功能：

> ➤ 大容量、高性能和高可靠性；
> ➤ 分类排队、拥塞管理与避免。

核心路由器上支持 MDRR、WRR 排队技术和 RED 拥塞控制与避免技术，它按照不同的 IP 优先级进行排队调度和在拥塞控制中有选择性地丢包，保证高优先级的业务。

网络边缘路由器提供以下功能：

> ➤ 业务分类（Marking）；
> ➤ 速率限制（CAR）；
> ➤ 流量统计（Netflow）。

（2）分类业务设计

政企网络通常是一个集成了数据、语音、视频会议的多业务网络，不同的业务系统对网络服务的要求不同。在这个统一的网络平台上，应该保证根据应用数据的具体要求提供相应的网络服务，并能在因故障导致网络资源稀缺时优先保证关键性业务数据的传输。

根据业务需求，网络传输的服务质量主要涉及三项参数：延迟、抖动和带宽。具体到各项业务的转发处理过程中，可以通过转发优先权和转发带宽这两个控制参数来调整各项业务的实际服务质量：

> ➤ 为视频业务赋予最高的转发优先权，并分配较高的带宽；
> ➤ 为语音业务赋予次高的转发优先权，并分配较低的带宽；
> ➤ 为数据信息类业务赋予较低的转发优先权，并分配较高的带宽。

以上配置使各项业务能够按需得到与其业务相匹配的服务质量，既保证了语音、视频业务的实时性，也保证了数据类业务的可靠性。根据以上规则，其他业务也可以根据其自身的需求，同样通过控制转发优先权和转发带宽，而得到所需要的服务质量。

4.2.3 路由规划方法

对于中小型政企网络，在核心层路由器之间采用 OSPF 的路由设计，确保骨干路由器之间的通道的畅通和可靠，实现优化的网络路径选择和路径均衡功能，在网络结构变化时，数据能通过其他路径迂回，保证网络的畅通。对于大型政企网络，为实现大范围业务部署，网络核心层节点数量较多，业务流量较大，可考虑采用 IS-IS 路由协议，有利于网络的进一步扩展和提高网络的稳定性。

网络与外网间原则上采用 EBGP 交换路由信息，如果条件不具备，也可采用静态路由。

4.2.4　MPLS VPN 部署

为保障网络的安全以及便于流量的疏导和隔离，在网络中建议部署 MPLS VPN。

整个网络配置成一个 MPLS 域；将核心层路由器配置成 P 设备，汇聚层和接入层一级节点设备全部配置成 PE 设备；核心层、汇聚层和接入层设备之间运行 MPLS LDP 协议，所有 PE 路由器之间运行 MPLS-iBGP 协议。

将接入层二级节点（现地站通信站点）三层交换机作为 CE，经二层链路采用静态路由连接到接入层 PE 设备；PE 设备与为每个接入的 VPN 用户建立并维护独立的 VRF，根据 CE 设备接入端口的不同，控制其进入相应的 VPN 中，实现与其他 VPN 应用系统和网管类流量的隔离。

各应用系统都通过专用的应用系统 LAN 交换机接入到网络中，这些应用系统 LAN 交换机接入到局域网主干交换机，再接入到网络中，局域网主干交换机作为 CE 经二层链路采用静态路由连接到网络接入层 PE 设备；PE 设备为每个应用系统建立并维护独立的 VRF，根据 CE 设备接入端口的不同，控制其进入相应的应用系统 VPN 中，实现与其他应用系统和网管类流量的隔离。

MPLS VPN 中，RD、RT 的命名和分配应在总部的统一指导下进行。

网络需要承载多种应用系统及网管系统，需要结合各应用系统的流量特性进行 VPN 划分。

（1）VPN 子系统之间的互访

VPN 子系统之间的互访可以采用两种方式：

➢　利用 BGP MPLS VPN 提供了 Extranet VPN 和 Hub-spoke 的方式，可以方便地控制不同 VPN 之间的互访，而且互访受到严格的控制。

➢　利用 VPN 内部的路由器（或者防火墙）进行地址过滤、报文过滤等。

建议两种方式结合使用，最终达到子系统的受控互访。

（2）应用终端交互访问不同 VPN

建议采用 PE 控制方案实现应用终端交互访问不同 VPN。

4.2.5　时间同步系统规划方法

在高可靠性网络中，由于各节点用户认证或其他审计信息中包含的时间信息必须统一，因此，全网设备必须统一到同一时间标准上。

为确保计算机网络系统全网设备时间同步，降低网络时延，可以建设基于 NTP 协议的时间同步系统。NTP 组网是目前比较成熟的方式，只要有一个完善的 IP 网，使设备或下级服务器到上级服务器的网络可达，就可以实现 NTP 时间同步。在一般网络条件下，NTP 可以实现的时间精度为数毫秒到数十毫秒。

根据网络部署范围和所承载的应用系统对时间同步的精度要求，可采用一级组网或二级组网，即在总部建设时间服务系统，各节点网络设备及终端的时间从时间服务器上获取。

时间同步系统的服务对象有如下设备。

➢ 支持 NTP 的设备：可直接对该设备进行配置，使其同步到指定的 NTP 服务器。

➢ 不支持 NTP 协议的计算机类设备：可以安装相应的时间同步软件。

➢ 不支持 NTP 协议但提供了命令行等校时接口的业务设备。

4.2.6　网络管理系统规划方法

网络管理中心全面负责整个计算机网络的管理，拥有对所有设备进行配置更改和处理的权限。网络管理中心采集全部信息网上的信息，并对整个信息网中的所有设备进行监视和控制，包括对远端路由器、交换机进行管理，实时跟踪 MPLS/VPN 链路和路由变化，监视 VPN 运行状态，提供性能统计、故障监视、告警、配置管理等工具和手段。VPN 网管系统能在省网管理中心的授权下对某个 VPN 进行管理。

对于网管的设置和管理权限的划分见表 4-1。

表 4-1　　　　　　　　　　网管系统的设置及管理权限划分

网管系统设备	管辖区域及职能划分
网络管理中心	管理全网的局域网和广域网设备，管理 VPN PE 侧的路由设备，并对业务和信息 PE 侧设备进行监视，承担管理业务 VPN 所有职责

网管系统作为网络系统的运营维护平台，需要管理网络中的所有网络硬件设备，网管系统可以确保网络运行的最大可用性和增强网络的可维护性和传输效率。

为保障网络系统运行的稳定，网管系统需要具有强大的故障管理能力，能及时发现网络中出现的任何异常，并帮助管理员迅速诊断、定位和排除故障。其中对故障的检测应能基于多种方式，既包括管理系统自动定期扫描网络中的所有节点设备（网络设备和应用服务器）与网络链路，主动发现网络中出现的故障事件，也包括被动接收和处理网络设备本身故障/事件报警机制所发送的设备与网络故障警告。

由于网络承载的业务种类繁多，信息量大，网管人员迫切需要利用管理工具而不是人工方式对网络的配置进行不断调整。在进行设备配置管理时，希望采用一种自动的处理流程，以直观、简单的图形化用户界面对设备的各种软硬件参数进行管理，减少管理员人为原因可能造成的错误，提高网管人员的工作效率，实现配置管理的准确、高效。

网络系统承载运营着关键业务，必须确保其性能，所以对网络运行性能的监控和调控也是网管中心的一个重要管理需求。网管系统需要能根据管理员的设置对计算机网络系统的各项性能指标进行统一的监视和采集，在网络出现性能下降时能向网管中心报警。同时网管系统还需要能收集网络性能的历史统计数据，便于管理人员通过分析历史数据，对网络进行性能优化，消除网络中的瓶颈。

4.3　专网中数据中心的规划

4.3.1　应用支撑平台规划

应用支撑平台是指数据库存储和应用系统开发和运行所必须依赖的硬件和系统软件，包括存储系统、服务器、操作系统、数据库管理系统、基础中间件（应用服务器、交换集成中间件、消息中间件、安全中间件）、应用类组件（报表工具、流程服务）等。应用支撑平台是连接基础设施和应用系统的桥梁，是以应用服务器、中间件技术为核心的基础软件技术支撑平台。其作用是实现资源的有效共享和应用系统的互联互通，为应用系统的功能实现提供技术支持、多种服务及运行环境，是在应用系统之间、应用系统与其他平台之间进行信息交换、传输、共享的核心。

1. 应用支撑平台的定位

应用支撑平台在网络中主要被定位为信息交换中心、核心支撑环境、基础服务中心、监控管理中心。

作为信息交换中心，应用支撑平台主要负责提供共享交换的基础功能组件，支撑基础信息资源、调度会商决策所需信息资源的共享交换，支撑各单位之间与业务规则相关的信息资源共享交换，支撑跨领域、跨地区的信息资源共享交换。

应用支撑平台作为核心支撑环境，提供基于资源共享的软件开发、运行与维护服务，使系统形成有机整体，同时应用支撑平台的不断完善也是系统持续发展的重要方面。

应用支撑平台作为基础服务中心，通过提供信息及信息处理服务来支撑业务应用，也为各项业务提供基于平台的应用生成、安全、优化配置、工作流等多方面、全方位的服务，而且还可提供为业务应用定制的知识、资源托管等扩展服务。

应用支撑平台作为管理中心，在系统的运行维护与管理中，肩负着资源维护与管理的重要职能。

应用支撑平台的主要作用体现在以下几个方面：

实现资源的统一管理和高度共享。应用系统的建设和运行所需要的资源主要包括应用服务器中间件、知识库、模型库、数据库、标准体系等，还包括系统运行和数据存储所共享的硬件资源，如数据存储设备、服务器、网络设备等。在平台的建设中，对资源进行统一定义和标识，并制定资源管理标准与办法，对共享的资源实施统一的管理和调度，实现资源共享，减少重复建设。

为业务应用提供基础。为避免低水平重复开发，保证系统的先进和持续性发展，通过中间件等核心技术应用，结合业务应用的实际需求，划分出公共或可复用业务处理逻辑，提升和规范应用系统的开发，保证系统的扩充能力、集成能力以及安全运行等。

为系统整合提供标准和技术手段。通过确定技术实现方式和标准、运用中间件技术来实现新建系统与相关应用系统的整合。

应用支撑平台担负着对下管理汇集数据，对上支撑应用的核心作用，并提供全系统信息共享服务。这两大方面的作用也可以描述成：一是对底层数据资源的集成共享，二是对上层应用软件资源的集成重用。

对底层数据资源的作用大致可以概括为：构建统一的数据交换体系、统一的数据共享机制、统一的数据传输网络；形成一整套数据管理的标准规范和办法。

对上层应用的支撑可以概括为：统一的用户权限管理，统一的流程管理，统一的界面展现，统一的平台资源管理等，形成一个统一的系统开发和运行平台。

应用支撑平台应满足下列要求。

① 提供开发环境：新平台应该是一种构架和环境，能为不同的功能实体独立实现提供服务和支撑。

② 平台化的信息交换共享：建立数据交换共享平台，通过成熟的中间件软件实现跨部门、跨地域的信息安全可靠传输和交换。

③ 可伸缩的配置：平台应能根据业务的轻重进行不同级别的配置，以保证系统规模的合理性和经济性。

④ 个性化的服务：能为不同的使用者提供"随需"而变的个性化服务。

⑤ 方便重构和扩展：业务、环境和技术可能会变，系统应能很容易重构和扩展。

2．应用支撑平台的技术框架

为了实现信息共享，有效减少软件的重复开发，降低系统的维护成本，提高系统的升级能力以及对需求改变的适应能力，要求系统中的业务应用需要与数据保持相对独立，减少应用系统各功能模块间的依赖关系，通过定义良好的接口与协议形成松散耦合型系统，在保证系统间信息交换的同时，尽量保持各系统的相对独立运行。

因此，平台的主要功能要围绕应用软件运行环境建设，定义一组适合应用软件开发、部署的规则和标准，建立一套数据共享和交换的机制与方法，提供统一起点和服务扩展接口。

为了有利于系统实现任务分工和逻辑关系确认，应采用系统分层设计的方法，将应用支撑平台划分为应用组件层、公共服务平台层和支撑软件层，分类和分层的原则是用户可见的程度由浅入深。其总体结构如图 4-3 所示。

应用支撑平台综合了不同层面的架构技术和软件构件，各层分别为上层的功能实现提供接口和服务支持。各层的设计定位于解决不同领域和不同层面的问题，并且针对应用功能和数据资源访问的不同业务，采用不同的开发和实现方式。各层简介如下。

① 支撑软件层：支撑软件层是由各类基础中间件软件所组成，每类中间件软件负责提供相应的基础服务。其中，J2EE 应用服务器为各类中间件中的核心，直接支撑上层的各种应用组件以及应用程序在应用服务器上运行，提供应用开发、部署等管理服务。另外支撑软件层还需要有交换集成中间件提供各系统的服务集成、数据集成功能；消息中间件提供在宽广网络中各系统间进行数据传输的安全可靠的保障；安全中间件提供整个系统里的 CA 认证、证书管理等安全机制。

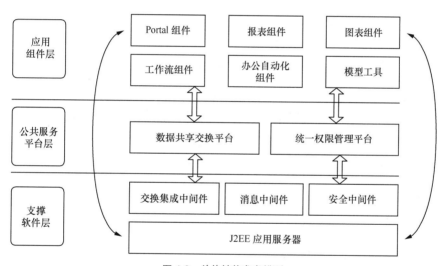

图 4-3　总体结构参考模型

② 公共服务平台层：以一种或多种中间件为基础，针对应用系统所需的一些底层通用功能进行封装后形成的更加契合系统需求的软件层。在公共服务平台层主要有数据共享交换平台、统一权限管理平台等。数据共享与交换平台以交换集成中间件、消息中间件、应用服务器为基础，通过桥接系统连接各个应用系统或数据库系统，提供数据采集、数据路由、数据导入、数据加工、数据映射等一系列数据交换服务。统一权限管理平台以安全中间件、应用服务器为基础，提供统一的用户管理、角色管理、用户注册、用户身份识别、用户权限管理、访问控制等权限服务。

③ 应用组件层：应用组件层主要包含各类功能软件，是对应用系统的一些特定共性功能进行抽象后，以软件组件形式提供的应用组件集合。应用组件层涉及众多厂家提供的、面向不同应用领域的功能组件，如 Portal 组件、报表组件、全文检索组件等。应用组件通常专注解决某类应用的通用问题，应用范围狭窄，但通过使用不同的组件，可以大大降低开发应用系统的工作量。

基础应用支撑平台立足于不同类型应用之间的数据资源整合、共享和业务协同，着重设计统一的数据管理、访问、交换和公共服务等功能组件，满足各业务应用之间信息共享的要求，使各应用系统基于统一的公共平台实现对各专项业务流程的重构，并提出系统安全保障机制和服务管理方案。

3. 应用支撑平台的建设模式

应用支撑平台采用以下建设模式。

① 选择的体系结构、支撑平台系统软件及开发运行环境应与总体规划保持一致，并注意与其共享相关的数据资源和软件资源，不应产生重复建设的内容。

② 在充分分析业务需求的基础上，应明确相应层次和各部分的建设内容，特别是要明确平台内各部分的关系与相互间的数据接口和控制接口。

③ 考虑到可能进行分期建设的需要，支撑平台的实施方案应在完整描述平台整体框架的基础上，梳理各期建设内容的相互关系。

④ 应用支撑平台与业务应用间的关系，是实施方案的重点内容之一。应在充分分析业务应用需求和建模时，注意支撑平台的要求，给出各业务间的数据关联和控制关联关系，提出业务应用功能与支撑平台间的相互关系，提出业务应用功能与支撑平台间的划分与接口。

⑤ 应用支撑平台应支持统一的 CA 认证。

⑥ 在满足数据与处理分离的基本要求的同时，应用支撑平台应充分考虑实时信息和大数据量数据流应用的特殊要求。

4.3.2 数据存储中心规划

数据库与应用支撑平台的建设目标：以标准体系建设为基础，运行数据库、网络存储、数据备份等技术，设计并建设各类基础数据库和专业数据库，建成服务于各应用系统的数据存储中心，建立协调的运行机制和科学的管理模式，形成系统数据存储管理体系，为应用支撑平台建设及各业务应用系统数据交换和共享访问提供数据支撑。

1. 数据分类及数据量分析

数据分类及数据量分析要依据网络业务的实际需求，建立数据分类模型，估算数据存储容量。

以某水利工程为例，其数据分类和数据量分析如下：

该水利网络数据可分为结构化数据（如引水流量数据、工程安全监测及水质监测数据等）和非结构化数据（如闸门、泵站监控等视频数据、办公文档数据等）两类，如图 4-4 所示。

（1）结构化数据分析

结构化数据主要包括：引水业务管理数据、闸泵站实时监控数据、工程安全监测与维护管理数据、水质监测与分析评价数据等。对于结构化数据来讲，通过合理的数据库表结构设计，尽可能地消除冗余数据，这类数据占用的存储空间是相对有限的，其具体分析如下。

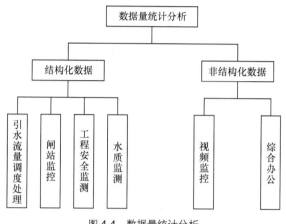

图 4-4　数据量统计分析

引水业务管理的数据量主要包括调度方案数据和调度指令数据。因调度指令按月、周、日的频次以文件方式下达，若以每个文件 15KB 计算，则水资源调度中心下到每个管理处的调度指令的年数据量约为(15×360+15×51+15×12)KB=6.345MB。管理处下到 5 个管理所的调度指令的年数据量约为(15×360+15×51+15×12)×5KB=31.725MB。再加上结构化的流量、引水流量、水位信息，调度业务处理的年初始数据量约 50MB。

闸站监控特征数据以测站为基本单位，监测信息包括流量、水位、闸位、引水流量、温（湿）度、电流（压）以及测站基本信息（如站名、站码、站类型）等，按每纪录占字节估算约 1KB。为满足等水位自动控制引水要求，闸泵站监测的各种信息需 5 分钟采集一次，则一个测站一天的数据量为 1KB×12×60×24≈17.28MB，一年的数据量为 17.28MB×365≈6.3GB。

闸站监控过程数据以测站为基本单位，按每条纪录占字节估算约 1KB。闸、泵站监测的各种信息需每分钟采集一次，则一个测站一天的数据量约为 1KB×60×24≈1.44MB，一月的数据量约为 1.44MB×30=43.2MB。闸站监控过程数据在数据库中保留一个月。

工程安全监测与管理的主要数据量来源于工程实时安全监测数据，各个工程安全监控中心承担整个辖区范围内各建筑物安全监测自动数据采集系统的管理，它可以直接对接入系统的所有仪器、MCU 测量控制单元进行实时监测、报警、数据记录到磁盘、数据和图形打印、系统编程、数据库管理、遥控和文件远程传输等。管理系统只需要访问各个工程安全监控中心数据库即可获取数据。

水质数据包含测点名称、采样日期、分析日期、流量、水温、电导率、pH 值、溶解氧、浊度、氨氮、高锰酸盐指数、总磷、总氮、叶绿素、蓝绿藻等内容。按照每次采样每条纪录 500B 计算，每 10 天采集一次，1 个自动监测站一年的数据量为 500B×36=18KB。再加上人工监测的数据，以及评价分析数据，每年水质数据库初始数据量约为 0.2GB。

（2）非结构化数据分析

工程的非结构化数据主要包括：行政管理与办公信息附件等。这类数据的一大特点是所占存储空间很大，一个文件少则几兆字节，多则几十兆字节或几吉字节。因此，这类数据将占据整个数据库的很大一部分空间，其具体分析如下。

行政管理与办公信息数据主要是大文本数据，大体上可分为邮件、办公文档及其他行政管理文件。按工程办公自动化系统设计要求，邮件数据统一保存在邮件服务器，按每人邮箱大小为 100MB 来计算，若考虑到各级人员的应用，数据量约为 100（人）×100MB =10GB。

（3）数据量估算

由上述分析可见整个网络数据的采集与存储量较大，随着工程的建成运行，数据中心数据存储量都将达到 TB 级。正确估算出系统建成后各种数据量的大小以及每年增加的数据量是数据库存储设计的基础。对于本系统各种类型数据量的估算如下：

> 调水业务管理的年初始数据量约 50MB，每年增量约 50MB。

> 闸站监控年初始数据量约为 80GB，每年增加 40GB。

> 水质数据年初始数据量约为 0.2GB，每年增量约 30MB。

> 综合办公年初始总量约为 5GB，每年增量 100GB。

> 其他数据约为 400GB，每年增加 100GB。

> 根据以上数据分析，系统建成后总中心的数据量将达 1TB 以上。

> 考虑未来 3 年的数据存储要求，做 RAID0+1 后可用空间建议配置为 5TB，裸盘容量为 10TB。

2．数据代码标准及制定原则

在整个数据库系统设计中，为使整个工程信息的名称统一化、规范化，并确立信息之间的一一对应关系，以保证信息的可靠性、可比性和适用性，保证信息存储及交换的一致性与唯一性，便于信息资源的高度共享，需对系统中的相关信息进行标准化，制定信息代码标准编制规则，对已有国家标准和行业标准的，采用国家标准、行业标准。没有国家标准，也没有行业标准的，参考国家和行业已有相关标准，对相关信息制定标准编制规范。编码原则如下。

① 科学性、系统性：依据现行国家标准及行业标准，并结合工程的特性与特点，以适应信息处理为目标，对主要建筑工程基础设施按类别、属性或特征进行科学编码，形成系统的编码体系。

② 唯一性：每一个编码对象仅有一个代码，一个代码只标识一个编码对象。

③ 相对稳定性：编码体系以各要素相对稳定的属性或特征为基础，编码在位数上也要留有一定的余地，能在较长时间里不发生重大变更。

④ 完整性：编码既反映编码要素的属性，又反映要素间的相互关系，具有完整性。

⑤ 简单性及实用性：代码的结构尽量简单，长度尽量短，以减少计算机存储空间和数据录入的差错率。同地代码的含义清晰，反映出编码要素的特点，以助记忆。

⑥ 规范性：代码的结构、类型以及编写的格式统一，便于系统的检索和调用。

3．数据存储平台方案选型

当今存储应用的体系结构主要有 DAS、NAS 和 SAN 三种模式。从体系架构的逻辑上看，三种模式有明显的区别。一般存储具有以下几方面的要求：性能、安全性、扩展性、易用性、整体拥有成本、服务等。

由于信息存储量大，增加速度快，且对数据访问速度要求较高，数据的存储相对集中。根据几种存储方案的性能分析，结合整个系统对存储平台的性能、安全性、扩展性、易用性的要求，数据存储平台应采用 NAS 和 SAN 架构，以使整个存储体系具有处理速度高、存取速度快、良好的可扩展性和开放性，以确保各类业务数据的安全性和调度业务的连续性以及整体可用性。

4．数据存储平台组成

数据存储中心系统包括存储服务器、光纤交换机、磁带库、备份服务器、NAS服务器等硬件设备以及存储系统管理软件、存储系统优化软件、备份管理软件等管理软件系统。

（1）存储服务器

SAN 的在线存储设备采用存储服务器，配置 300GB（10kr/min 以上）磁盘（根据业务发展逐步扩充）。支持 RAID5 和 RAID1+0 两种 RAID 数据保护技术，按设计要求，采用 RAID5 或 RAID6，具有扩充能力，以后根据需要，逐步扩充。

（2）光纤交换机

服务器安装光纤通道卡，通过光纤交换机连接到 SAN 上，构成冗余连接系统。当一台光纤交换机出现单点故障（诸如单侧光纤故障等）时，系统能够迅速把数据传送至另一侧光纤网络，确保数据通路不中断。光纤交换机具有分区功能（Zoning Function），通过光纤交换机提供标配软件，对 SAN 网络进行分段管理，对连接在 SAN 中的系统所能访问的磁盘空间加以限制，使得每套操作系统只能访问指定范围的存储空间，进一步提高系统数据的安全性。

（3）备份系统

备份系统由磁带库、备份服务器和备份软件组成。采用基于 SAN 的 LAN-Free 备份方式，用光纤直接连接到光纤交换机。

（4）系统管理软件

具有存储网络管理、系统事件管理、系统性能管理、数据库管理、系统服务管理、安全管理等功能。

（5）系统性能优化软件

具有卷管理、动态多路、磁盘快照、文件系统管理等功能。

（6）备份管理软件

实现对于海量数据进行备份管理。

当然，除了需要考虑主存储系统、备份对象及备份方式外，还需要重点考虑的一点是，如果储存系统出现问题，仅有备份数据不足以让生产系统继续运行。为了克服这一弊端，建议在数据机房内部署一套大致相同规格的主存储系统。该套存储系统不需要配置额外的性能提升功能，仅作应急之用。两台主存储之间运行同步模式数据复制。采用了该架构后，数据存储中心前端业务主机可以通过虚拟化方式实现业务连续性，后端存储则通过两套同步复制存储实现物理级别冗余。

4.4 行业内多专网的建设

1. 多专网需求分析

对于服务对象的重要程度和对网络安全要求不同的情况，可依据业务类别分为多个专网进行建设。

以某石油企业为例，其业务应用可划分为以下三类。

① Ⅰ类应用:政务专网信息承载服务,传送中央及集团公司的政务指令和信息,这类信息要求保密性和可靠性极高。

② Ⅱ类应用:包括应用系统数据承载服务和计算机网络、通信系统网络管理信息承载服务,其中,应用系统负责实现石油开采监控、工程安全监测、工程运行维

护管理等功能，数据量相对较大，对网络的传送时延要求较高；语音通信系统为整个油田专网工程提供了行政电话和语音调度功能，需要确保其安全可靠、低时延传送；此外，还需要承载消防、门禁及入侵报警系统、通信电源集中监控系统等，这类系统对安全及时延要求均较高。

③ III 类应用：需要通过防火墙访问 Internet，提供外部 Internet 连接服务，包括 WWW、FTP、E-mail 等。

由于上述三类应用的承载需求特性各不相同，为了保证各类应用信息的安全可靠传输，应根据不同类型的应用承载需求，进行差异化处理，以最大程度地满足工程建设、运行、维护需求。

2．多专网建设思路

网络系统作为基础设施之一，为各种业务系统数据信息提供承载平台。在传统的组网应用中，计算机网络组网都是按各应用系统分别建设，如计算机监控系统通过以太网，利用裸光纤组成计算机网络系统，图像监控系统、工程安全监测系统等其他应用系统通过以太网交换机，利用通信传输系统不同的传输通道组成的计算机网络系统进行信息的承载。这种各系统独立组网方式，系统间互不干扰，在某种程度上保障了应用系统的安全可靠性。通过预留传输带宽，有效保障各应用系统的可扩容性。各系统间责任分工明确，符合行业传统的维护习惯。但这种按系统组网方式，随着系统增加而需要增加组网设备，工程投资大，运维费用高，各系统需要组建独立的网管系统、安全系统，每个系统占用独立的光纤或传输带宽，资源利用率低。

随着计算机网络技术的发展，VLAN、MPLS VPN 等技术不断出现。各种应用系统共享一套计算机网络系统，通过利用 MPLS VPN 技术将计算机网络在逻辑上为各应用系统划分独立的网络，保证各系统的安全可靠。这种组网方式，各应用系统共享计算机网络，设备数量少，工程投资小，运维费用低，有效利用光纤资源或传输带宽，可以灵活地增加应用系统，系统扩展性好。但采用此种方案，如果计算机网络出现问题，会影响各个应用系统，但可以通过技术手段（如设备冗余、链路冗余）提高计算机网络系统的安全可靠性。

可以对各应用系统进行分析整合、分类处理，在保证应用系统数据信息传递安全可靠的前提下，以资源共享、带宽共享、节省投资为原则进行计算机网络系统设计。

➢ 对"Ⅰ类应用"来说，由于需要传送党务政令等相关信息，要求安全性最强，实时性也较高，需要与外界网络物理隔离，建议采取专网专用的方式建设一个专用计算机网络系统（简称政务专网）。

> 对"Ⅱ类应用"来说，其安全性要求要稍弱于"Ⅰ类服务"，但是这类服务属于企业内部应用系统，且所需网络带宽较大，需要与外界公众互联网隔离，建议采用一个各业务共享的计算机网络系统（简称业务网）来承载这类应用，可采用 MPLS VPN 技术为各类应用系统和网管系统信息建立不同的逻辑域隔离的 VPN 网络。

> 对"Ⅲ类应用"来说，由于这部分服务需要与外界 Internet 建立直接连接，可能会受到来自 Internet 的网络攻击，因而存在一定的安全攻击风险，因此应部署一套高效网络安全系统，与外网进行有效隔离。

从上述分析可见，此政企网络需要建设三个物理网络来承载不同的业务及应用系统，每一个物理网络均可参考上文内容，根据网络承载业务和用户情况进行规划设计。同时，考虑到业务网上承载的部分业务系统需要与政务网系统进行一定的数据交互，在这两个网络中通过部署网间专用横向隔离设备来保障安全；业务网与外网之间也存在互访的需求，因而在这两个网络中通过部署防火墙、网关等设备来保障安全。

4.5 常见组网硬件设备介绍

4.5.1 路由器

1. 设备简介

路由器（Router），是连接因特网中各局域网、广域网的设备，它会根据信道的情况自动选择和设定路由，以最佳路径，按前后顺序发送信号。目前路由器已经广泛应用于各行各业，各种不同档次的产品已成为实现各种骨干网内部连接、骨干网间互联和骨干网与互联网互联互通业务的主力军。路由器和交换机之间的主要区别就是交换机用在 OSI 参考模型第二层（数据链路层），而路由器用在第三层，即网络层，这一区别决定了路由器和交换机在移动信息的过程中需使用不同的控制信息，所以说两者实现各自功能的方式是不同的。

路由器是一种多端口设备，它可以连接不同传输速率并运行于各种环境的局域网和广域网，也可以采用不同的协议。路由器指导从一个网段到另一个网段的数据传输，也能指导从一种网络向另一种网络的数据传输。

路由器的主要功能如下。

第一，网络互联：路由器支持各种局域网和广域网接口，主要用于互联局域网和广域网，实现不同网络的互相通信。

第二，数据处理：提供包括分组过滤、分组转发、优先级、复用、加密、压缩和防火墙等功能。

第三，网络管理：路由器提供包括路由器配置管理、性能管理、容错管理和流量控制等功能。

2．设备重点参数

路由器的参数包括整体性能和功能、实配部件、路由协议、MPLS 和 VPN、QoS、组播、IPoE、可靠性、安全性、IPv6 支持性、OAM 等方面。在政企组网设计中，我们需要重点考虑的参数主要为设备的平台等级、交换容量、槽位数、整机转发性能、引擎和电源、端口配置。

路由器设备的交换容量一般大于 480 Gbit/s，整机转发性能一般大于 60Mpps，根据路由器的承载范围和业务量，交换容量可选择大于 720Gbit/s 或 1000Gbit/s，整机转发性能可选择大于 400Mpps 或 800Mpps。路由器的平台等级、端口配置和槽位数需要根据组网需求和未来扩展需求考虑。主流路由器的平台等级为 20G、40G 和 100G，平台等级也即意味着设备的单槽位处理能力，它和槽位数共同反映设备的总端口配置能力，如一个 40G 平台的 8 槽位设备，其总共可以配置 320 个 GE 端口，或 32 个 10GE 端口，或类似的端口组合，其总端口带宽不能超过 320Gbit/s。端口数量需要根据现网组网需求来设计，一般可配置 2 倍数的 10GE 光端口，12 倍数的 GE 光端口、FE 光/电端口。根据路由器的重要性和安全性要求可以选择双引擎、双电源或多引擎、多电源。

4.5.2　交换机

1．设备简介

一般指以太网交换机，其工作于 OSI 参考模型的第二层，即数据链路层。交换机内部的 CPU 会在每个端口成功连接时，通过将 MAC 地址和端口对应，形成一张 MAC 表。交换机拥有一条很高带宽的背部总线和内部交换矩阵。交换机的所有端口都挂接在这条背部总线上，控制电路收到数据包以后，处理端口会查找内存中的地址对照表以确定目的 MAC（网卡的硬件地址）的 NIC（网卡）挂接在哪个端口上，通过内部交换矩阵迅速将数据包传送到目的端口。目的 MAC 若不存在，广播到所有的端口，接收端口回应后，交换机会"学习"新的 MAC 地址，并把它添加入内部 MAC 地址表中。使用交换机也可以把网络"分段"，通过对照 IP 地址表，交换机只允许必要的网络流量通过交换机。通过交换机的过滤和转发，可以有效地减少冲突域，但它不能划分网络层广播，即广播域。

以太网交换机厂商根据市场需求，推出了三层甚至四层交换机。但无论如何，其核心功能仍是二层的以太网数据包交换，只是带有了一定的处理 IP 层甚至更高层数据包的能力。网络交换机是一个扩大网络的器材，能为子网络中提供更多的连接端口，以便连接更多的计算机。随着通信业的发展以及国民经济信息化的推进，网络交换机市场呈稳步上升态势。它具有性能价格比高、高度灵活、相对简单、易于实现等特点。

2. 设备重点参数

交换机的质量十分重要，而交换机的优劣要从总体构架、性能和功能三方面入手。性能方面，除了要满足吞吐量、时延、丢包率的要求外，随着用户业务的增加和应用的深入，还要满足一些额外的指标，如 MAC 地址数、路由表容量（三层交换机）、ACL 数目、LSP 容量、支持 VPN 数量等。作为网络设备，我们需要重点考虑的交换机参数和路由器类似，为设备的交换容量、槽位数、包转发率、引擎和电源、端口配置。

接入交换机设备的交换容量一般大于 64Gbit/s，包转发率一般大于 12Mpps；汇聚交换机设备的交换容量一般大于 1Tbit/s，包转发率一般大于 200Mpps；作为信息化中心的平台交换机设备的交换容量一般大于 2Tbit/s，包转发率一般大于 600Mpps。交换机端口配置和槽位数需要根据组网需求和未来扩展需求考虑，根据现网组网需求来设计，一般可配置 2 倍数的 10GE 光端口，12 倍数的 GE 光端口、FE 光/电端口。如楼道交换机或有固定范围的交换机，由于其扩展范围有限，需求固定，可以配置一体化的 48 端口或 24 端口交换机，以节省投资。若交换机需要承载 PoE 供电的 SIP 电话等设备，则需要配置带有 PoE 供电功能的交换机。

第**5**章

传输专线

根据前面的介绍，传输专线的作用是为行业内部网络提供链接和承载，体现的是设备之间实实在在的物理连接关系，是网络节点设备之间逻辑链路的具体实现手段。目前，传输专线主要采用 OTN/DWDM、SDH、MSTP、VPN、IPRAN/PTN 等传输技术。本章主要对各传输技术的工作原理、技术特点、组网架构及安全保护等方面进行介绍。

5.1 传输专线的技术简介

5.1.1 OTN/DWDM

1. 技术原理

在国有大型企业或者政府主导的大型工程中，通常会采用 WDM 技术自行组建专网传输系统。WDM（波分复用技术）是一种在同一根光纤中同时传输两个或众多不同波长光信号的技术，其基本原理是在发送端通过复用器将两种或者多种不同波长的带着各种信息的光载波信号汇合在一起，并耦合到同一根光纤中进行传输；在接收端，通过解复用器再分离出各种波长的光载波，由光接收机继而处理恢复成原信号，如图 5-1 所示。

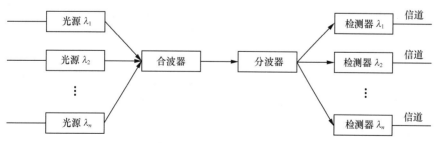

图 5-1 波分复用系统原理图

WDM 技术由于具有超大容量传输、节约光纤资源、信道透明传输、系统可靠性高等特点而迅猛发展。随着平面波导型或光纤光栅型等新型高分辨率波分复用器件的采用，WDM 系统相邻波长间隔变得更窄，逐步演进出 DWDM（密集波分复用系统）。DWDM 可以承载 8~160 个波长，并且它的协议和传输速度是不相关的。因此，基于 DWDM 的网络可以采用 IP 协议、ATM、SONET/SDH、以太网协议来传输数据，处理的数据流量在 100Mbit/s 和 100Gbit/s 之间。近年来，OTN 技术的出现克服了传统 DWDM 组网不灵活、难以对光波长进行调整等缺点，又弥补了 SDH 在单通道系统带宽资源不足的缺陷，它不仅具有 WDM 传输容量大的优势，还具备 SDH 可运营、可管理的能力。

光传送网（OTN）是以波分复用技术为基础，在光层组织网络的传送网。OTN 定义了新的帧结构，引入了波长、子波长交叉连接功能，为信号提供了在光层的传送、复用、交换、监控和保护恢复。OTN 在电域借鉴了 SDH 的优点（如多业务适配、分级复用和疏导、管理监视、故障定位及保护倒换等），同时扩展了新的能力和领域（如提供大颗粒 2.5G、10G、40G、100G 业务的透明传输，支持带外 FEC，以及支持对多层、多域网络进行级联监视等）；在光层借鉴了传统的 WDM 技术体系，并在此基础上将光域划分成光通路层、光复用段层及光传输段层 3 个子层，允许在波长层面管理网络，并支持光层提供的运行、管理、维护（OAM）功能，同时 OTN 提供了带外和带内 2 层控制管理开销，可以管理跨多层的光网络。

① 光层通路层：负责为各种不同格式的客户层信号（SDH、Ethernet、IP、ATM 等）选择路由、分配波长、安排连接，提供端到端的光通道联网功能，处理生产和插入光通道配置的开销（如波长标签、端口连接性、载荷标志），以及提供波长保护能力等。

② 光复用段层：负责保证相邻 2 个波长复用传输设备间多波长复用光信号的传输，为多波长信号提供网络功能。光复用段层可为波长选路安排光复用功能，处理光复用开销，为段层维护进行光复用的检查和管理，并提供复用段层的生存性。波长复用器和交叉连接器就工作在这一层。

③ 光传输段层：光传输段层为光信号在不同类型的光媒质（如 G.652、G.653、G.655 光纤等）上提供传输功能。它定义了物理接口（包括频率、功率及信噪比等参数）。光传输段层用来确保光传输段适配信息的完整性，同时实现光放大器或中继器的检测和控制功能。整个 OTN 由最下面的物理媒质层网络所支持，即物理媒质层网络是光传输段层的服务者。

2. 技术特点

OTN 技术的主要优势如下。

（1）多种客户信号封装和透明传输

基于 ITU-TG.709 的 OTN 帧结构可以支持多种客户信号的映射和透明传输，如 SDH、ATM、以太网等。目前对 SDH 和 ATM 可实现标准封装和透明传送，但对不同速率的以太网的支持有所差异。ITU-TG.sup43 为 10GE 业务实现不同程度的透明传输提供了补充建议，而对于 GE、40GE、100GE 以太网和专网业务光纤通道（FC）以及接入网业务吉比特无源光网络（GPON）等，其到 OTN 帧中标准化的映射方式目前正在讨论之中。

（2）大颗粒调度和保护恢复

OTN 技术提供 3 种交叉颗粒，即 ODU1（2.5Gbit/s）、ODU2（10Gbit/s）和 ODU3（40Gbit/s）。高速率的交叉颗粒具有更高的交叉效率，使得设备更容易实现大的交叉连接能力，降低设备成本。经过测算，基于 OTN 交叉设备的网络投资将低于基于 SDH 交叉设备的网络投资。在 OTN 大容量交叉的基础上，通过引入 ASON 智能控制平面，可以提高光传送网的保护恢复能力，改善网络调度能力。

（3）大颗粒的带宽复用、交叉和配置

OTN 目前定义的电层带宽颗粒为光通路数据单元（ODUk, k =1,2,3），即 ODU1（2.5Gbit/s）、ODU2（10Gbit/s）和 ODU3（40Gbit/s），光层的带宽颗粒为波长，相对于 SDH 的 VC-12/VC-4 的调度颗粒，OTN 复用、交叉和配置的颗粒明显要大很多，对高带宽数据客户业务的适配和传送效率显著提升。

OTN 的交叉分为电交叉和光交叉。光交叉有 ROADM、OXC 等。ROADM 是波分设备采用的一种较为成熟的光交叉技术。利用现有技术，ROADM 可以较为方便地实现 4 个光方向、每个光方向 40 或 80 波的交叉，交叉容量为 1.6T 或 3.2T，预计将来可以很快支持 8 个光方向，适用于大颗粒业务。在现有技术条件下，大容量时成本明显低于电交叉技术，在小容量时成本高于电交叉。传输距离可能受到色散、OSNR 和非线性等光特性的限制，增加 OTU 中继可以解决这个问题，但成本过高；电交叉，包括多种实现方式，例如基于 SDH TSI 时隙交换的交叉，基于 ODU1 的交叉容量低于光交叉，目前技术最大也就太比特量级，支持子波长一级的交叉，适用于大颗粒和小颗粒业务，容量低时有成本优势，容量高时成本很高，OEO 技术使得传输距离不受色散等光特性限制。

（4）完善的性能和故障监测能力

目前基于 SDH 的 WDM 系统只能依赖 SDH 的 B1 和 J0 进行分段的性能和故障监测。当一条业务通道跨越多个 WDM 系统时，无法实现端到端的性能和故障监测，以及快速的故障定位。

而 OTN 引入了丰富的开销，具备完善的性能和故障监测机制。OTUk 层的段监测字节（SM）可以对电再生段进行性能和故障监测；ODUk 层的通道监测字节（PM）

可以对端到端的波长通道进行性能和故障监测，从而使 WDM 系统具备类似 SDH 的性能和故障监测能力。

OTN 还可以提供 6 级连接监视功能（TCM），对多运营商/多设备商/多子网环境可以实现分级和分段管理。适当配置各级 TCM，可以为端到端通道的性能和故障监测提供有效的监视手段，实现故障的快速定位。

因此，在 WDM 系统中引入 OTN 接口，可以实现对波长通道端到端的性能和故障监测，而不需要依赖于所承载的业务信号（SDH/10GE 等）的 OAM 机制，从而使基于 OTN 的 WDM 网络成为一个具备 OAM 功能的独立传送网。

（5）增强了组网和保护能力

通过 OTN 帧结构、ODUk 交叉和多维度可重构光分插复用器（ROADM）的引入，大大增强了光传送网的组网能力，改变了目前基于 SDH VC-12/VC-4 调度带宽和 WDM 点到点提供大容量传送带宽的现状。而采用前向纠错（FEC）技术，显著增加了光层传输的距离。G.709 为 OTN 帧结构定义了标准的带外 FEC 纠错算法，FEC 校验字节长达 4×256 字节，使用 RS（255,239）算法，可以带来最大 6.2dB（BER=10^{-15}）编码增益，降低 OSNR 容限，延长电中继距离，减少系统站点个数，降低建网成本。G.975.1 定义了非标准 FEC，进一步提高了编码增益，实现更长距离的传送。但是因为多种编码方式不能兼容，不利于不同厂家设备的对接，通常只能应用于 IaDI（域内接口）互联。另外，OTN 将提供更为灵活的基于电层和光层的业务保护功能，如基于 ODUk 层的光子网连接保护（SNCP）和共享环网保护，基于光层的光通道或复用段保护等。

3. 组网模式

在部分大型国有企业中，以往专网的传输系统主要采用 DWDM+SDH 的建设方式，传输设备通常运行年限长，大多接近或超过设备大修年限，同时企业的规模建设和信息化发展要求传输系统具备更高的可靠性，承载的业务种类不断增多，业务容量和带宽需求迅速增长。在这种传输系统设备及技术处于更新环节临界点的情况下，部分专网引入 OTN 技术对传输系统进行改造，搭建基于 OTN+IPRAN/PTN 技术混合组网的传输系统架构。

OTN 作为具有光电联合调度的大容量组网技术，电层实现基于子波长的调度，如 GE、2.5 Gbit/s、10 Gbit/s 颗粒；光层调度以 10 Gbit/s、40 Gbit/s 和 100 Gbit/s 波长为主，主要定位于专网传输系统的骨干/核心层，而 IPRAN/PTN 与 MSTP 类似，多应用于网络的汇聚层/接入层，如图 5-2 所示。

在联合组网模式中，OTN 不仅仅是一种承载手段，还通过其对骨干节点上联的 GE/10GE 业务与所属交叉落地设备之间进行调度，其上联 GE/10GE 通道的数量可以根据该 IPRAN/PTN 中实际接入的业务总数按需配置，从而极大地简化了骨干节点与核心节点之间的网络组建，避免了在 IPRAN/PTN 独立组网模式中，因某节点业务容量升级而引起的环路上所有节点设备必须升级的情况。

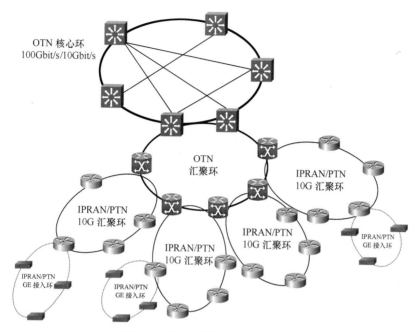

图 5-2　专用通信网传输系统网络结构图

在专用通信网的传输系统中，跨省的骨干核心层由 100G 平台大容量的 OTN 设备组成，以省内各市（州）地域划分建设汇聚节点，组建省内高速 OTN 系统环网。每个环网在核心节点均考虑双节点落地，从而实现负载分担，有效提高核心层系统容量，同时可抵抗单节点失效带来的网络风险。每个市（州）的 OTN 设备作为市内所有网络节点的上联汇聚节点，市（州）的 OTN 设备构成全网 OTN 汇聚层，可快速实现大容量、大颗粒业务的灵活调度。在每个市（州）内各区县采用 IPRAN/PTN 设备作为专用通信网各网络节点的接入和汇聚节点，所有区县的 IPRAN/PTN 汇聚节点构成分组化的汇聚层，根据网络节点的分布需要在乡镇层面建设 IPRAN/PTN 接入层。市（州）范围内所有接入 IPRAN/PTN 的网络节点在 OTN 汇聚节点的 IPRAN/PTN 设备与 OTN 对接，在市级核心节点大容量 IPRAN/PTN 设备实现网络节点业务流量的重新整合以及与信息化应用业务层面的灵活通信。

4．承载业务保护方式

OTN 技术完整体系结构包括了光层和电层。在光层，OTN 借鉴了传统 WDM 的技术体系并有所发展；在电层，OTN 借鉴了 SDH 的映射、复用、交叉、嵌入式开销等技术。各层网络都有相应的管理监控机制和网络生存性机制。OTN 在光层主要的保护方式包括光线路保护、光复用段 1+1 保护、光通道 1+1 保护、OCh1+1 或 $m+n$；在电层保护方式有 ODUk SNCP 和 ODUk SPRing 两种方式。

① 光线路保护：采用双发选收或选发选收方式，通过保护光纤实现对工作光纤的保护。主要方式 1+1 保护方式和 1∶1 保护方式两种。1+1 保护方式，采用双发选收、单端倒换方式，A 站发 B 站时，A 站 OLP 同时将信号发往工作光纤和保护光纤，B 站 OLP 检测到工作光纤接收方向无信号时，就选择接收保护光纤传来的信号，实现倒换。1∶1 保护方式，采用选发选收、双端倒换方式，所有发送光功率均沿工作光纤传输，保护光纤无业务信号。根据工作光纤和保护光纤的状况，同时选择工作于主光纤或切换到备用光纤。

② 光复用段 1+1 保护：在光复用段的 OTM 节点间采用 1+1 保护。发送端用 1∶2 光分路器把光信号分成 2 路（双发），一路提供给光工作复用段，另一路提供给光保护复用段。在接收端用 1×2 光开关对接收光信号进行择优选择，当光工作复用段发生故障时，接收端用光开关进行倒换，选择由光保护复用段传送的信号。

③ 光通道 1+1 保护：是基于单个光波长保护，可以在光通道层实施 1+1 或 1∶n 的保护。通过 OCP 板将客户侧信号输入到不同 WDM 系统的 OTU 中，通过并发选收的方式实现对客户侧信号的保护。有两种保护方式：基于光通道 1+1 波长保护方式，用于客户侧信号的并发选收；基于光通道 1+1 路由保护方式，用于波长信号的并发选收。

④ OCh1+1 保护：指经支路接口单元和 XCU 盘后的客户信号，并发至主备两个线路接口盘上，避免因主用线路接口盘故障引起业务中断。

⑤ ODUk SNCP 保护：属子网连接保护，是一种专用点到点的保护机制，可应用于链型、环型、MESH 的网络结构中，可以对部分或全部网络节点实行保护。主要包括 ODUk 1+1 保护和 ODUk $M∶N$ 保护 2 种。ODUk 1+1 保护指经支路接口单元和 XCU 盘后的客户信号，并发至线路接口盘 1 个主用 ODUk 时隙和 1 个备用 ODUk 时隙，即发送至线路接口盘背板侧的 1 个主用端口和 1 个备用端口，避免因主用 ODUk 时隙故障引起业务中断。ODUk $M∶N$ 保护机制中，1 个或者 M 个工作 ODUk 共享 1 个或者 N 个保护的 ODUk 资源。

⑥ ODUk SPRing 保护：通过占用两个不同的 ODUk 通道，实现对所有站点间多条分布式业务的保护，利用 OTN 帧结构中 ODUk OH 段开销的 APS 字节传递协议信息来控制业务的收发路径，从而达到保护业务的目的。ODUk SPRing 保护只能用于环网结构。ODUk SPRing 保护方式仅支持双向倒换，其保护倒换粒度为 ODUk，仅在业务上下路节点发生保护倒换动作。

5.1.2　SDH 数字电路（MSTP）

1. 技术原理

在通信专网的建设过程中，SDH 以及基于 SDH 的 MSTP 技术应用最为广泛。对于自建传输系统的行业机构，通常都已部署了 SDH 的骨干传输网络。由于该技术具备良好的安全可靠性及经济性，目前已建成的 SDH 传输网络主要用于承载行业专网内跨地域的节点互联电路；同样,在运营商提供的电路出租产品中,基于 SDH 的 MSTP 数字专线电路也广泛应用于政府、金融、教育等机构。该数字专线电路适用于行业多网络节点之间的高速互联，能够为客户提供带宽独享、高速、全透明的数据传输通道。

SDH 同步数字体系，是不同速率数位信号的传输提供相应等级的信息结构，包括复用方法和映射方法，以及相关的同步方法组成的一个传输技术体制。它规范了数字信号的帧结构、复用方式、传输速率等级、接口码型等特性。

SDH 传输业务信号时，各种业务信号要进入 SDH 的帧，都要经过映射、定位和复用三个步骤。

（1）映射是将各种速率的信号先经过码速调整装入相应的标准容器（C），再加入通道开销（POH）形成虚容器（VC）的过程。

（2）帧相位发生偏差称为帧偏移，定位是将帧偏移信息收进支路单元（TU）或管理单元（AU）的过程，它通过支路单元指针（TU PTR）或管理单元指针（AU PTR）的功能来实现。

（3）复用的概念比较简单，是一种使多个低阶通道层的信号适配进高阶通道层，或把多个高阶通道层信号适配进复用层的过程。复用也就是通过字节交错间插方式把 TU 组织进高阶 VC 或把 AU 组织进 STM-N 的过程。由于经过 TU 和 AU 指针处理后的各 VC 支路信号已相位同步，因此，该复用过程是与同步复用原理与数据的串并变换相类似，如图 5-3 所示。

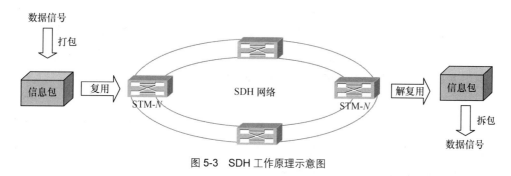

图 5-3　SDH 工作原理示意图

MSTP（Multi-service Transport Platform）即多业务传输平台，将 SDH 传输技术、以太网、ATM、POS 等多种技术进行有机融合，以 SDH 技术为基础，将多种业务进行汇聚并进行有效适配，实现多业务的综合接入和传送，实现 SDH 从纯传送网转变为传送网和业务网一体化的多业务平台。其工作原理是通过在 SDH 传输网络边缘设备增加 MSTP 板卡的方式，实现多业务的接入功能。MSTP 技术采用 GFP、虚联级 VCat、链路容量调整机制 LCAS、保护倒换等技术提供可灵活调整的通信电路。从专用通信网络的现状来看，大部分采用自建传输系统模式的行业专网仍以 SDH 设备为主。随着近年来数据、宽带等 IP 业务的迅猛增长，同时基于技术成熟性、可靠性和成本等方面综合考虑，以 SDH 为基础的 MSTP 技术在政企专网领域扮演着十分重要的角色。典型的 MSTP 设备功能结构如图 5-4 所示。

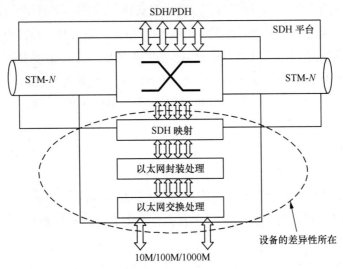

图 5-4　MSTP 设备功能结构图

2．技术特点

（1）继承 SDH 的技术优势

MSTP 网络的实施基于现有丰富的 SDH 网络资源，保持与 SDH 良好的网络兼容性，可以在现有 SDH 网络中通过增加数据处理卡实现 MSTP 功能。因此，MSTP 继承了 SDH 技术成熟、稳定可靠的特性，运营和管理能力强，规模效应和成本优势明显。同时 MSTP 具有与 SDH 同等的网络生存性以及良好的网络保护倒换性能，扩充了基础 SDH 传输网络对数据业务的支持能力。

（2）支持多种物理接口

MSTP 技术广泛用于多种业务的接入、汇聚和传输，支持多种物理接口。常见的接口类型有：TDM 接口（T1/E1、T3/E3）、SDH 接口（OC－N/STM-N）、以太网接口（10/100BaseT、GE）、POS 接口。

（3）支持多种协议

MSTP 具有对多种协议的支持能力，通过对多种协议的支持来增强网络边缘的智能性；通过对不同业务的聚合、交换或路由来分离不同类型传输流。

（4）支持多种光纤传输类型

根据 MSTP 在网络中位置的不同，有着多种不同的信号类型。当 MSTP 位于核心骨干网时，信号类型最低为 OC－48，并可以扩展到 OC－192 和密集波分复用（DWDM）；当 MSTP 位于边缘接入和汇聚层时，信号类型从 OC－3/OC－12 开始，并可以在将来扩展至支持 DWDM 的 OC－48。

（5）提供集成的数字交叉连接交换

MSTP 可以在网络边缘完成大部分交叉连接功能，从而节省传输带宽以及省去核心层中昂贵的数字交叉连接系统端口。

（6）支持动态带宽分配

由于 MSTP 支持 G.7070 中定义的级联和虚级联功能，可以对带宽进行灵活的分配，带宽可分配粒度为 2Mbit/s。一些厂家通过自己的协议可以把带宽分配粒度调整为 576kbit/s，即可以实现对 SDH 帧中列级别上的带宽分配；通过对 G.7042 中定义的 LCAS 的支持，可以实现对链路带宽的动态配置和调整。

（7）链路的高效建立能力

面对城域网用户不断提高的即时带宽要求和 IP 业务流量的增加，要求 MSTP 能够提供高效的链路配置、维护和管理能力。

（8）协议和接口的分离

一些 MSTP 产品把协议处理与物理接口分离开，可以提供"到任务端口的任何协议"的功能，这增加了在使用给定端口集合时的灵活性和扩展性。

（9）提供综合网络管理功能

MSTP 提供对不同协议层的综合管理，便于网络的维护和管理。

3．组网模式

SDH/MSTP 网是由 SDH/MSTP 网元设备通过光缆互连而成的，网络节点（网元）和传输线路的几何排列就构成了网络的拓扑结构。网络的有效性（信道的利用率）、可靠性和经济性在很大程度上与其拓扑结构有关。网络拓扑的基本结构有链型、星型、树型、环型和网孔型，如图 5-5 所示。

当前，无论是行业自建的 SDH/MSTP 专网传输系统，还是电信运营商建设的 SDH/MSTP 政企承载传输网，用得最多的网络拓扑是环型，通过多个环型结构网络的灵活组合，可构成更加复杂的网络。与 OTN/DWDM 传输系统的建设类似，SDH/MSTP 传输网络也是根据网络覆盖的范围和规模分层建设，层级之间通过 SDH/MSTP 设备的线路侧板卡互连形成一个整体的传输系统，为各类业务及应用提供全程端到端的承载，如图 5-6 所示。

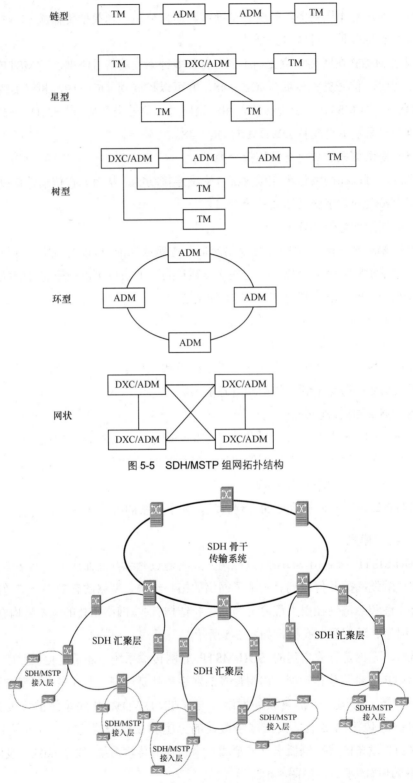

图 5-5　SDH/MSTP 组网拓扑结构

图 5-6　专网 SDH/MSTP 传输系统网络图

在一个专用通信网或者运营商网络中，通常在省际骨干层面和跨市（州）的汇聚层面部署 10G SDH/MSTP 系统，县乡 SDH/MSTP 根据业务量和接入网络节点的实际需求可组建 2.5G/622M/155M 环网。每个层级的 SDH/MSTP 环网系统都可以直接提供业务或网络节点的接入，专网中的网络节点就近连接至部署有 SDH/MSTP 传输设备的网络节点。对于行业自建的 SDH/MSTP 传输系统，由于网络建设针对性较强，通常 SDH/MSTP 设备部署在网络节点内部，内网的出口路由器设备通过光纤或者网线与 SDH/MSTP 对接；对于租用运营商数字电路的行业专网，需根据网络节点的重要性采用 MSTP、裸线、PON、IPRAN/PTN 等方式接入到附近的运营商端局内的 SDH/MSTP 设备。

SDH/MSTP 作为一种承载技术，提供透明的数据传输通道，在专网中主要用于点对点或点对多点间的通信，如图 5-7、图 5-8 所示。

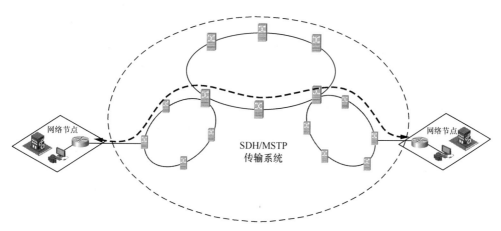

图 5-7　点对点 SDH/MSTP 传输系统承载示意图

4．承载业务保护方式

SDH 技术主要采用高可靠的环网保护方式，有两纤复用段共享保护环、四纤复用段共享保护环、（1+1）复用段保护等，这些环网技术已在专用通信网中得到广泛应用。在过去相当长的时间内，SDH 环网技术是基于网元的快速保护倒换的切实可行的技术。四纤环和两纤环相比，具有额外的 SPAN-SWITCH 功能，可对故障工作系统提供快速的恢复，而不必作环倒换，对于超长的复用段保护环非常有利。因此，在业务量比较大的通路上，可选用四纤环保护机制。另外，在节点间业务量很大（接近或超过一个系统容量）的情况下，采用点到点（1+1）MSP，极大地提高了系统的可靠性。

（1）线路保护倒换

线路保护倒换是最简单的自愈环形式，其基本原理是当出现故障时，业务由工作通道转移到保护通道，使业务得以继续传送。

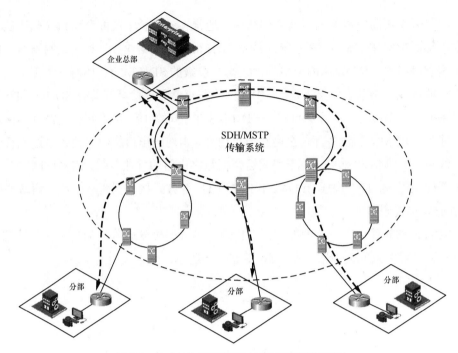

图 5-8　点对多点 SDH/MSTP 传输系统承载示意图

1+1 制式：采用并发选收，即工作通道和保护通道在发送端永久连接在一起（桥接），而在接收端根据传送信号的质量，优先选择接收性能良好的信号，如图 5-9 所示。

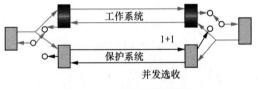

图 5-9　1+1 制式工作原理图

线路保护倒换的业务恢复时间很快，短于 50ms，对于网络节点的光或电的元部件失效十分有效。但是当光缆被切断，往往同一缆芯中的所有光纤（包括主用和备用）均被切断，这时候就要采用物理上的备用路由，但备用路由往往成本很高，而且只能保护传输链路，无法提供网络节点的失效保护，因此主要用于两点间有稳定的较大业务量的场合。

（2）两纤双向复用段保护环

环网由两根光纤组成，分别记为 S1/P2 和 S2/P1。每根光纤传输容量的一半作为工作通道（S），另一半作为保护通道（P），且为另一根光纤的工作通道提供反方向保护。即 S1/P2 光纤的一半容量 S1 传输业务，另一半容量 P2 为另一根光纤（S2/P1）的工作通道 S2 提供反方向保护；S2/P1 光纤与之类似。

正常工作时，从 A 到 C 的业务信号 AC，在节点 A 馈入光纤 S1/P2 的工作通道 S1，并沿顺时针方向经 B 传送到 C，即 A→B→C；从 C 到 A 的业务信号 CA，在节点 C 馈入光纤 S2/P1 的工作通道 S2，并在同一区段沿逆时针方向经 B 传送到 A，即 C→B→A，如图 5-10（a）所示。

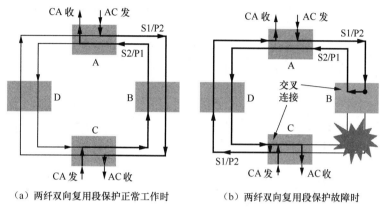

（a）两纤双向复用段保护正常工作时　　　（b）两纤双向复用段保护故障时

图 5-10　两纤双向复用段保护

故障时，如 BC 节点间的光缆被切断，节点 B 和 C 分别执行时隙交叉功能。即在 B 把 AC 业务信号从 S1/P2 光纤的工作通道 S1 交叉到 S2/P1 光纤的保护通道 P1 上，并使其沿逆时针方向经 A、D 到达 C：A→B→A→D→C。在节点 C，也利用时隙交叉技术把 CA 业务信号从 S2/P1 光纤的工作通道 S2 交叉到 S1/P2 光纤的保护通道 P2 上，并使其沿顺时针方向经 D 到达 A，即 C→D→A，如图 5-10（b）所示。

（3）四纤双向复用段保护环

双向复用段保护环可以是两纤环方式，也可以是四纤环方式。由上面的两纤复用段保护环分析可知，S1 时隙和 P2 时隙是同方向的，S2 时隙和 P1 时隙是同方向的。如果 P2 和 P1 分别从 S1 和 S2 中分离出来，单独用两根光纤承载，可以传送的业务量将是两纤环的两倍。

正常情况下，在节点 A 进入环网以节点 C 为目的业务信号 AC，馈入光纤 S1，并沿顺时针方向将业务信号经节点 B 传送到 C（A→B→C）；在节点 C，进入环网以节点 A 为目的业务信号 CA，馈入光纤 S2，并在同一区段沿逆时针方向将业务信号经节点 B 传送到节点 A（C→B→A）；两根保护光纤 P1、P2 是空闲的。当发生故障时，如 B 到 C 之间的光缆被切断，因为在节点 B 和 C 均能检测到信号丢失（LOS）告警，所以利用 APS 协议，B 和 C 节点分别执行环回功能，如图 5-11 所示。

在节点 B，S1 光纤倒换到 P1 光纤上，S2 光纤倒换到 P2 光纤上；AC 业务信号从 S1 光纤倒换到 P1 光纤上，并使其沿逆时针方向经节点 A、D 到达节点 C（A→B→A→D→C）；节点 C 也执行环回功能，CA 信号从 S2 光纤倒换到 P2 上，并顺时针经 D、A、B 再到达 A（C→D→A→B→A）。其中，在 B 点，CA 信号从 P2 光纤又倒换到 S2 上，由 S2 光纤逆时针传送到 A。故障排除后，开关仍返回原来位置。

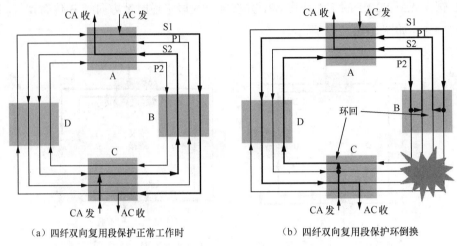

（a）四纤双向复用段保护正常工作时　　　　（b）四纤双向复用段保护环倒换

图 5-11　四纤双向复用段保护

在四纤环中，仅仅节点失效或光缆被切断才需要采用环回方式保护，而设备板卡或者单纤失效等可以利用区段保护。比如 B、C 之间的 S1 或者 S2 光纤断了，A 到 C 的业务倒换到 P2 光纤上，沿原方向到达 C 节点；同理，C 到 A 的业务倒换到 P1 光纤上，沿原方向到达 A 节点。如果是 P1 或者 P2 光纤断了，对业务传送没有影响。区段保护能力使得四纤环可以抗多点失效。故障排除后，倒换开关返回原来位置。

5.1.3　VPN 虚拟电路

1．技术原理

VPN 是指在运营商共用网络上建立专用网络的技术。之所以称为虚拟网，主要是因为整个网络任意两个结点之间的连接并没有传统专网建设所需的点到点的物理链路，而是架构在电信运营商所提供的公共网络平台之上的逻辑网络。用户的数据是通过运营商在公共网络（Internet）中建立的逻辑隧道（Tunnel），即点到点的虚拟专线进行传输的。通过相应的加密和认证技术来保证用户内部网络数据在公网上安全传输，从而真正实现网络数据的专有性。目前主流的 VPN 技术主要分为两种，即 IPSec VPN 和 MPLS VPN。

IPSec VPN：IPSec VPN 是通过加密算法、隧道技术，实现用户数据的安全传输。IPSec VPN 是工作在 OSI 模型的网络层，实现网络层上的数据保护和透明的安全通信。IPSec VPN 是基于开放的网络安全协议，业务数据流通过 IPSec VPN 网关加密，提供双向认证机制，支持多种数据加密算法（包括常见的 DES、3DES、AES 加密算法），支持数据完整性验证，可防范数据重放等攻击，充分保证业务数据在传输过程中的安全性。IPSec VPN 采用端对端加密模式，发送方在数据传输前对数据实施加密。在整个传输过程中，报文都是以密文方式传输，在接收端进行解密，还原原始的数据包。

MPLS VPN：MPLS VPN 是一种基于 MPLS 技术的 IP VPN，是在电信运营商路由器上运行标签交换协议，简化核心路由器的路由选择方式，提高数据包转发效率。MPLS VPN 技术通过不同的用户标签区分用户，将不同的用户运行于不同的虚拟专用网中，从而保证不同用户之间有效隔离。MPLS VPN 专线组网结构方式非常灵活，可以实现星型、全网状等各种网络拓扑，降低专网的建设成本。并且 MPLS VPN 技术在标签设置上引入了业务分类和优先级，从而可以实现对不同业务提供不同等级 QoS 的保证，提高了用户网络业务运营和管理的灵活性。用户数据在传统 IP 网中由路由器对每个分组头中的信息进行处理，而 MPLS（多协议标记交换）是指数据包携带一个长度固定的标签，交换节点根据标签处理及转发数据。在 MPLS VPN 中，骨干网是由边缘标记交换路由器（LER）和核心标记交换路由器（LSR）组成的。LSR 路由器在客户 IP 数据包前增加 EXP 标签字段。而沿途 LSR 路由器及对端 LER 路由器，通过标记分配协议（LDP），为该客户分配预订的标签分配及交换路径，即 VC 电路。在核心层，IP 数据包在转发的过程中只进行二层交换，标签用于每一个网络节点的分组转发，表示属于一个从上行 LSR 流向下行 LSR 的特定分组，如图 5-12 所示。

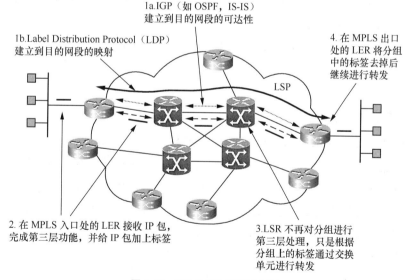

图 5-12　MPLS 工作流程示意图

2．技术特点

（1）组网经济

传统的 DDN、帧中继、SDH 等传输专线的异地收费随着通信距离的增加而递增，分支越远，租费越高。而 Internet 的接入费用则只与本地的接入费用有关，无论分支多远，费用却是一样的。因此，连接长途分支时，采用 Internet 作为传输骨干是非常便宜的，但带宽却可以较高。同时，VPN 设备相对价格低廉。

（2）接入方式灵活

连接 Internet 的方式可以是 10M、100M 端口，也可以是 2M 或更低速的端口，还可以是便宜的 DSL 连接，甚至于拨号连接都可以连接 Internet，因而成为可选种类众多的端口连接方式。一个 IPSec VPN 网络可以连接任意地点的分支，即使跨国也不受限制。

（3）组网规模广泛

IPSec VPN 可以以低廉的价格连接少量的分支，也适合连接众多的分支。IPSec VPN 核心设备的扩展性好，一个端口可以同时连接成千上万的分支，包括分支部门和移动办公的用户，而不需要 SDH、DDN 等一个端口对应一个远端用户。

（4）多业务的支持性能强大

远程的 IP 语音业务和视频也可传送到远端分支和移动用户，连同数据业务一起，为现代化办公提供便利条件，节省大量长途话费。

（5）全面的安全保障

IPSec VPN 的显著特点就是它的安全性，这是它保证内部数据安全的根本。在 VPN 交换机上，通过支持所有领先的通道协议、数据加密、过滤/防火墙，通过 RADIUS、LDAP 和 SecurID 实现授权等多种方式保证安全。同时，VPN 设备提供内置防火墙功能，可以在 VPN 通道之外，从公网到私网接口传输流量。此外，该技术还可用于 RADIUS、PAP、CHAP、Tokens、X.509、LDAP 和 SecurID 等认证方式。

（6）系统冗余设计

VPN 网管设备可提供冗余机制，保证链路和设备的可靠性。在中心节点 VPN 核心设备提供冗余 CPU、冗余电源的硬件冗余设计。而在链路发生故障时，VPN 交换机支持静态隧道故障恢复功能，其安全 IP 服务网关可以在多条路由选择路径以及多个交换机之间实现负载均衡。此外，在连接时，VPN 客户端会自动选择通信列表中设置的本区域骨干节点，当本区域节点发生故障时，自动依列表上的设置选择连接其他 VPN 交换机，从而达到连接的目的。

（7）支撑通道分离

VPN 交换机的分离通道特性为 IPSec 客户端提供同时对 Internet、Extranet 和本地网络访问的支持。该技术可以设置权限，限定用户的访问权限，如允许本地打印和文件共享访问，允许直接访问 Internet 和允许安全访问外网。该特性使用户在安全条件下合理方便地使用网络资源，既有安全性，又有灵活性。

（8）支撑动、静态路由的配置

众多的用户和复杂的路由需要路由协议的支持使得整个网络的地址管理方便有效，RIP 和 OSPF 协议使得 VPN 设备之间像路由器一样连接和扩展，适合网络规模的不断扩大，并且动态路由协议可在加密隧道中得到支持。

MPLS VPN 技术特点：

（1）高安全性

MPLS VPN 的安全性是通过路由隔离技术实现的，MPLS VPN 借助 MPLS 技术，利用两层标记（Lable），自动为不同用户的节点间建立不同的信道，使用户的流量分别穿行在不同的"虚通道"中，实现用户流量的隔离。

（2）网络可靠性高

MPLS VPN 承载在电信运营商公网之上，具有多路由的冗余传输资源，可以自动、充分地路由用户节点间访问的流量，因而在广域网上不存在单故障点，具备很高的可靠性。

（3）组网灵活，具有强大的扩展性

可根据政企用户需求在网络节点间创建星型、全网状或任意的逻辑拓扑，实现某节点与任何其他节点间（Any-to-Any）的直接通信。同时，MPLS 技术对网络节点的数目不设限制，方便随时增加点位，政企客户就近接入 POP 点即可与全网通信。

（4）多业务的融合承载

MPLS VPN 技术基于 IP 承载网络，可以实现包括数据、图像、语音和视频等多种业务的融合承载能力。

（5）灵活的控制策略

电信运营商可以根据政企专网用户的特殊需求，制定特殊的控制策略。MPLS VPN 提供多种水平的 QoS，意味着政企客户可以针对每种流量类型（控制调度、视频、电子邮件、文件传输等）指定延迟性、抖动和数据包丢失最小值。例如 MPLS 网络可以优先处理延迟敏感型流量（例如语音和视频），再处理不太敏感的流量。

（6）强大的管理功能

电信运营商采用集中管理的方式，业务配置和调度统一平台，减少了用户侧的负担。

（7）服务级别协议（SLA）

MPLS VPN 核心层对 IP 数据包进行高速转发，减少了时延和抖动，增加了网络吞吐能力，大大提高了网络的 QoS 保证。MPLS VPN 采用多种技术来保证用户的服务质量（QoS）和服务级别（CoS）。同时，还利用 MPLS 实施流量工程来对全网流量进行优化，为用户不同类型的流量区分不同质量等级。

（8）经济性强，后期维护方便

借助运营商公网来建立 MPLS VPN，政企客户只需支付本地的网络通信费，就可以收到租用专线长途通信的效果，从而节省了租用专线的费用，不需要配置 VPN 网管设备，可通过综合承载数据、语音、视频多种业务节省接入费用。同时，由运营商处理线路路由，这意味着政企客户不需要自己处理，所以操作 MPLS 比管理大型路由网络要简单得多，企业不需要那么多网络工程师、维护人员。

3．组网模型

（1）IPSec VPN 组网

根据上述对 IPSec VPN 的原理介绍及特点分析可以看出，IPSec VPN 主要应用于大型企业利用公网自行构建的专网传输系统，适用于总部—分支结构的企业专用通信网络，通过将 VPN 设备安装在其总部和分支机构中，将各个机构低成本而安全地连接在一起。这种企业建立自己 IPSec VPN 模式最大的优势在于高控制性，尤其是基于安全基础之上的控制。一个内部 VPN 网络能使企业对所有的安全认证、网络系统以及网络访问情况进行控制，建立端到端的安全结构，集成和协调现有的内部安全技术。而且，企业还可根据用户的需要来调整 Internet 接入费用、覆盖面以及连接速度。

IPSec VPN 网络在连接方式上通常采用星型网络结构，总部设置 IPSec VPN 接入和管理中心，通过电信运营商提供的互联网专线电路接入 Internet。各分支网络节点根据自身需求可以采用专线或 ADSL 等方式通过接入公网与总部连接，分支机构之间采用 IPSec VPN 技术互联。为了提高安全性，一般在总部部署内部网络边界，配置两台专用 IPSec VPN 网关设备互为备份，同时配备总部 VPN Manager 管理组件，实现对 IPSec VPN 网关的部署管理和监控。在分支机构内部网络边界配置一台 IPSec VPN 网关，由此两端的网关设备建立 IPSec VPN 隧道，进行数据封装、加密和传输。对于专网内移动终端用户，配备 IPSec VPN 客户端软件和 USB Key 硬件认证密钥，接入网络后进行相关的身份认证、密钥协商以及隧道建立，移动终端用户可以以透明的方式，直接访问总部局域网内部的资源。具体的网络拓扑结构如图 5-13 所示。

（2）MPLS VPN 专线电路

MPLS VPN 是基于电信运营商的公网进行构建的，本身属于运营商提供的专线电路出租业务。政企用户通过购买运营商提供的 MPLS VPN 专线电路服务将专网中的网络节点接入到运营商的公网网络，再由电信运营商运用 MPLS 技术在公网中构建虚拟通道，将专网中各网络节点相互连接起来。

MPLS VPN 由三部分组成：P、CE、PE。

① P 路由器（Provider Router）：运营商路由器，位于 MPLS 域的内部，可以基于标签交换快速转发 MPLS 数据流。P 路由器接收 MPLS 报文，交换标签后，输出 MPLS 报文。

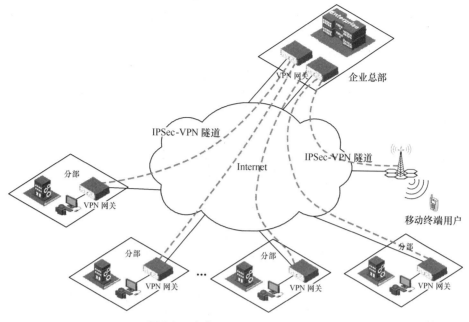

图 5-13　企业 IPSec VPN 组网拓扑图

② PE 路由器（Provider Edge Router）：运营商边界路由器，位于 MPLS 域的边界，用于转换 IP 报文和 MPLS 报文。PE 路由器接收 IP 报文，压入 MPLS 标签后，输出 MPLS 报文；并且接收 MPLS 报文，弹出标签之后，输出 IP 报文。PE 路由器上，与其他 P 路由器或者 PE 路由器连接的端口被称为"公网端口"，配置公网 IP 地址；与 CE 路由器连接的端口被称为"私网端口"，配置私网 IP 地址。

③ CE 路由器（Customer Edge Router）：用户边界路由器，位于专网用户 IP 域边界，直接和 PE 路由器连接，用于汇聚用户数据，并把用户 IP 域的路由信息转发到 PE 路由器。

CE 和 PE 的划分主要是根据 SP 与用户的管理范围，CE 和 PE 是两者管理范围的边界。

在 MPLS-VPN 网络架构中，由运营商向政企专网用户提供 VPN 服务，对于政企用户来说，感觉不到公网的存在，好像拥有独立的传输专线一样。同样，对于运营商骨干网络内部的 P 路由器，不与 CE 直接连接，也不知道 VPN 的存在，仅负责骨干网内部的数据传输。所有的 VPN 构建、连接和管理工作都是在 PE 上面进行的。PE 位于运营商公网的边缘，从 PE 角度来看，政企用户的每一个网络节点都被视为一个 SITE，每个 SITE 通过 CE 接入到 PE，SITE 是构成 VPN 的基础单元。一个 VPN 由多个 SITE 组成，一个 SITE 也可以属于不同的 VPN。属于同一个 VPN 的两个 SITE 通过运营商的公网互联，VPN 数据在公网上传播，必须保证数据传输的私有性和安全性。同时，由于运营商网络规模的不同，MPLS VPN 网络中可能不存在 P 路由器，

PE 路由器对于其他的 VPN 来说也可能是 P 路由器，如图 5-14 所示。

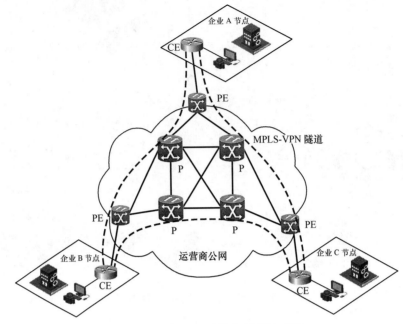

图 5-14　MPLS VPN 专线电路组网拓扑图

4．承载业务保护方式

IPSec VPN 传输专线主要采用 VPN 网管备份及接入双链路备份的方式提高承载业务的稳定性。

VPN 网关备份：在实际的组网中，为了增强 VPN 网关的稳定性，也可以在 VPN 网关节点部署双 VPN 网关，利用该 VPN 双网关可以有效地提高系统的可靠性。同时，对于业务分支节点较大的企业，可以通过有效配置，将不同的分支节点按照一定的原则配置不同的主备网关，实现业务的负载分担。具体的组网如图 5-15 所示。

在这种模式下，传输专线具有高可靠性指标，VPN 设备之间可采用 L2TP、VRRP、OSPF 三种备份模式。

L2TP：VPN 客户端配置主备 L2TP LNS Server，当主 Server 断线时，客户端尝试连接失败后会切换到备份 Server（keep alive）。多个 LAC 配置不同的顺序，可以达到负载分担的效果。

VRRP：每一个接入 Server 组的 2 台设备都连到交换机并运行 VRRP，保障单台设备故障时网络能工作正常；配置多组 VRRP，达到负载分担的效果；IP Sec 隧道建立在 VRRP 虚地址上，通过配置 IP Sec DPD 功能进行 VPN 隧道的切换。

OSPF：在隧道两端的网络中运行 OSPF 协议，当主隧道发生故障时（设备或是链路故障），OSPF 协议能够自动监测到邻居变化，从而将路由切换到从隧道上。

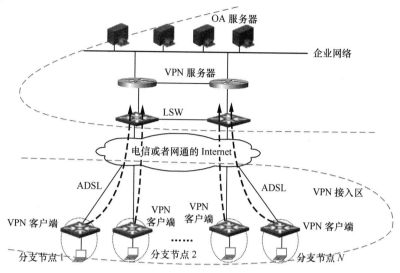

图 5-15　VPN 设备备份组网拓扑图

链路备份：双链路备份的组网主要为满足高可靠性的要求。对于上行链路，要求在提供一条高质量链路的同时，还可以有另外一种备份的方式，比如可以在运营商提供一条 FE 的光纤进行 Internet 接入的同时，再通过 ADSL 链路备份到另外的运营商，如图 5-16 所示。

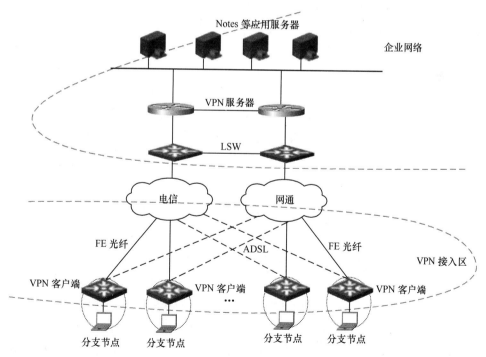

图 5-16　双联路备份组网拓扑图

该模式下，链路备份需要通过冗余路由来实现，主链路对应的路由优先级较高，备份链路对应的路由优先级较低。正常情况下，流量会由主链路上行。主链路异常会引起接口报掉线，路由切换到备份链路上。若主链路正常，但在主链路对应的运营商侧网络发生故障导致目的网关不可达，需要借助自动检测的特性来探测目的地址不可达，切换路由，保证业务的正常运行。

5.1.4　分组传送电路（PTN/IPRAN）

近年来，随着传送网技术的发展，业界提出了几种取代 MSTP 承载技术的新一代分组传送技术，用以实现政企专网的承载及运营商移动业务回传。目前，分组传送技术的实现主要有两种途径：一种是 PTN。PTN 技术采用 MPLS-TP 协议，提供二层以太网业务、TDM 业务等，并可通过升级方式支持三层协议，实现三层相关功能。另一种分组传送技术是 IPRAN。IPRAN 技术是在传统 IP MPLS 技术上，引入面向连接、端到端的资源分配、OAM、统一的可视化网管和同步能力等传输网特征实现的一种新型 IP 承载技术。随着无线及政企业务承载带宽需求的不断增长，无论是采用 IPRAN 技术还是 PTN 技术，都将逐步取代此前的传统基于 SDH/MSTP 的承载网技术，成为未来承载网的主流技术。加快承载网的分组化改造，将是未来专用通信网及运营商承载网发展的主要方向。

近年来，PTN 及 IPRAN 分组传送技术主要应用于电信运营商的承载网络建设，国内三大运营商（中国移动、中国电信、中国联通）由于基础网络的巨大差异，在技术的选择方面也有区别。中国移动在三大运营商中的移动用户数量最多，4G 部署规模最大，因此无线回传网分组化的压力最大。中国移动是 PTN 技术的主要倡导和推动者，也是 PTN 网络部署的先行者。为实现 LTE 的承载，PTN 网络核心层设备具备三层功能。中国电信具有国内规模最大的数据承载网络，网络资源丰富，固网业务比例高，经过大量测试后，决定以 IPRAN 为基础，利旧原有的城域骨干网，建设综合接入网用于接入或承载自营业务。中国联通面临 3G 扩容的巨大压力，在技术选型上显得更为务实，其搁置了 PTN 和 IPRAN 的选型争议，仅以功能和性能而不是设备形态来选择设备。中国联通经过多轮实验室及现网应用测试后决定采用"L3+L2"模式，在原有城域网基础之上新建一个端到端的分组业务承载网，在分组网的核心层采用 IPRAN，接入层设备对 IPRAN、PTN 不进行限制，但所有设备均需支持 IP/MPLS 协议。在汽车、能源部分行业中，也开始采用分组传送网技术建设独立的传输专线系统，如前文在 DWDM 传输系统建设中描述过，在行业专网中，由于业务模式相对固定，主要采用 PTN 的技术模式组建汇聚层和接入层的传输系统，跨省的电路需通过 PTN 与骨干的 DWDM/OTN 系统对接实现业务的承载。

1．技术原理

PTN 即分组传送网，可理解为分组化的 MSTP。从技术原理上来看，PTN 与 SDH/MSTP 在一些特性上很类似，包括较高的安全性和可靠性、高效的带宽管理机制和流量工程、便捷的 OAM 和网管、丰富的接口等。PTN 基于分组交换、面向连接，能承载多种业务，可与 IP/MPLS 以多种方式互联互通，无缝承载核心 IP 业务。PTN 具备电信级的 OAM，可快速完成点对点连接通道的保护切换，进行端到端的 QoS 保证，从而实现高效的网络保护。就实现方式来看，PTN 分组化传送主要有两类技术：一种是基于以太网技术的 PBT，主要由 IEEE 开发；另一种是基于 MPLS 技术的 T-MPLS/MPLS-TP，由 ITU-T 和 IETF 联合开发。

PBT 技术的基本思路是将用户的以太网数据帧再封装一个运营商的以太网帧头，形成两个 MAC 地址。这种技术具有清晰的应用层和用户间的界面，可以实现二层信息的完全隔离，解决网络安全性问题。PBT 采用可管理和具有保护能力的点到点连接，以满足运营商对传送网的需求，采用网管系统而不是 STP 控制协议进行连接配置，使得网络变得简单而易于管理。PBT 建立在已有的以太网标准之上，具有较好的兼容性，可以基于现有以太网交换机实现，这使得 PBT 具有以太网所具有的广泛应用和低成本特性。

T-MPLS 是一种新型的 MPLS 技术，基于已经广泛应用的 IP/MPLS 技术和标准，提供了一种简化的面向连接的实现方式。T-MPLS 技术的基本原理是在网络传输的过程中，将客户的信号映射进 MPLS 帧并利用 MPLS 机制进行转发，同时增加了连接、性能监测、保护恢复、管理和控制面等传送层的基本功能。T-MPLS 去掉了 MPLS 中与面向连接应用无关的 IP 相关功能，同时增加了对于传送网来说非常重要的一些功能，主要的改进有双向 LSP、端到端 LSP 保护和强大的 OAM 机制等，以实现对传送网资源的有效控制和使用。T-MPLS 的目标是成为一种通用的分组传送网，而不涉及 IP 路由方面的功能，其实现比 IP/MPLS 简单。

IPRAN 主要在运营商网络中针对 IP 化基站回传应用场景进行优化定制的路由器/交换机整体解决方案，同时也用于政企客户专线电路。在电信运营商城域网汇聚/核心层采用 IP/MPLS 技术，接入层主要采用二层增强以太网技术，或采用二层增强以太网与三层 IP/MPLS 相结合的技术方案。设备形态一般为核心汇聚节点采用支持 IP/MPLS 的路由器设备，基站接入节点采用路由器或交换机。其主要特征为 IP/MPLS/以太网转发协议、TE FRR（汇聚/核心层）、以太环/链路保护技术（接入层）、电路仿真、MPLS OAM、同步等。

IPRAN 基于灵活 IP 通信的设计理念，以传统的路由器架构为基础，增强 OAM 机制、业务保护机制以及分组时钟传输能力，其业务转发推荐采用动态控制平面的自动路由机制。以路由器架构为基础的硬件结构具备丰富的三层路由能力，更好地支持多业务承载，适用于移动通信网络中多点对多点的通信场景，比如 LTE 网络 X2 接口中多个 eNB 之间的流量交换以及 MME/SAE 池支持多点到多点的连接；对于实时性要求比较高的语音业务，IPRAN 采用网管静态约束路由的方式来规划承载路径，采用 TE 隧道技术结合层次化的 QoS 来保障通话质量。相对于传统的城域网络，IPRAN 方案由于其承载移动业务的特点使其更加关注简化运维，化繁为简，节省 IPRAN 方案的运营成本支出。

2. 技术特点

PTN 技术的主要优势如下：

（1）管道化的承载理念：管道化保证了承载层面向连接的特质，业务质量能得以保证。在管道化承载中，业务的建立、拆除依赖于管道的建立和拆除，完全面向连接，节点转发依照事先规划好的规定动作完成，无需查表、寻址等动作，在减少意外错误的同时，也能保证整个传送路径具有最小的时延和抖动，从而保证业务质量。管道化承载也简化了业务配置、网络管理与运维工作，增强业务的可靠性。以"管道+仿真"的思路满足多业务需求，从而有效保护投资。PTN 采用统一的分组管道实现多业务适配、管理与运维，从而满足各类业务长期演进和共存的要求。在 PTN 的管道化理念中，业务层始终位于承载层之上，两者之间具有清晰的结构和界限，管道化承载对于建成一个高质量的承载网络是至关重要的。

（2）管道弹性化：PTN 采用由标签交换生成的弹性分组管道 LSP，当业务量饱和的时候，通过精细的 QoS 划分和调度，保证高质量的业务带宽需求优先得到满足；在业务量较少的时候，带宽可灵活地释放和实现共享，网络效率得到极大提升，从而有效降低了承载网的建设投资资本性支出。

（3）集中式管控：以集中式的网络控制/管理替代传统 IP 网络的动态协议控制，同时提高 IP 可视化运维能力，降低运营成本。动态协议给传统 IP 网络带来了"云团"特征，当网络一旦出现故障，由于不知道"云团"内的实际路由而给故障定位带来很大困难。同时，动态协议在技术上的复杂性，对维护人员的技能提出很高的要求。因此，以可管理、可运维为前提的 IP 化创新对大规模的网络部署是非常重要的。PTN 技术在承载网的 IP 化过程中很好地继承了 TDM 承载网的运维经验，以网管可视化丰富 IP 网络的运维手段，降低运维难度，同时实现维护团队的维护经验、维护体验可继承。

IPRAN 技术的主要优势如下。

① 端到端的 IP 化。端到端的 IP 化使得网络复杂度大大降低，简化了网络配置，能极大缩短基站开通、割接和调整的工作量。另外，端到端 IP 化减少了网络中协议转换的次数，简化了封装、解封装的过程，使得链路更加透明可控，实现了网元到网元的对等协作，全程全网的 OAM 管理以及层次化的端到端 QoS。IP 化的网络还有助于提高网络的智能化，便于部署各类策略，发展智能管道。

② 更高的网络资源利用率。面向连接的 SDH 或 MSTP 提供的是刚性管道，容易导致网络利用率低下。而基于 IP/MPLS 的 IPRAN 不再面向连接，而是采取动态寻址方式，实现承载网络内自动的路由优化，大大简化了后期网络维护和网络优化的工作量。同时与刚性管道相比，分组交换和统计复用能大大提高网络利用率。

③ 多业务融合承载。IPRAN 采用动态三层组网方式，可以更充分满足综合业务的承载需求，实现多业务承载时的资源统一协调和控制层面统一管理，提升运营商的综合运营能力。

④ 成熟的标准和良好的互通性。IPRAN 技术标准主要基于 Internet 工程任务组（IETF）的 MPLS 工作组发布的 RFC 文档，已经形成成熟的标准文档百余篇。IPRAN 设备形态基于成熟的路由交换网络技术，大多是在传统路由器或交换机基础上改进而成，因此有着良好的互通性。

3．组网模式

（1）自建 PTN 传输系统组网模式

在行业及政府专用通信网中，PTN 分组传送技术主要用于一定区域内汇聚层和接入层的传输系统建设。从网络结构上来说，PTN 设备的引入总体上分为 PTN 独立组网和 PTN 与 DWDM/OTN 联合组网。

总体来说，PTN 分组传送技术在网络层级中靠近终端用户侧，是一种接入层的组网技术。在政企专网规模范围有限的情况下（网络节点都位于同一个市（州）或县城内），采用 PTN 独立组网模式。在该模式下，PTN 网络层级一般为汇聚、接入两级结构。PTN 独立组网模式的网络结构和目前的 MSTP 传输网络相似，接入层采用 GE 速率组环，汇聚环均为 10Gbit/s 以太网速率组环，网络各层面间以相交环的形式进行组网，专网内各网络节点就近接入传输系统接入层节点的 PTN 传输设备，然后采用双节点挂环的方式上联至 PTN 传送网汇聚层，为各所到分局、各区、县、乡镇分支节点到市级核心节点提供所需上联专线通道，接口类型为 FE 和 GE 接口。PTN 网络采用双节点挂环的结构，可有效预防汇聚层的单节点失效风险。网络拓扑结构如图 5-17 所示。

PTN 组网速率目前只有 GE 和 10Gbit 以太网两级，如果采用 PTN 建设二级以上的多层网络结构，势必会引发其中一层环路带宽资源消耗过快或者大量闲置的问题，导致上下层网络速率的不匹配。同时，在独立组网模式中，汇聚层节点采用 10Gbit/s 以太网环路互联，如果运用在省级专用通信网，汇聚层接入的各市专网网络节点较多，一方面，汇聚层传输节点需要与各地市（州）内专网网络节点相连，环路节点过多，利用率下降；另一方面，环路上任一网络节点业务量增加需要扩容时，必然导致环路整体扩容，网络扩容成本较高。因此，独立组网模式：一是比较适用于在汇聚层节点数量较少的市（州）范围内组建二级 PTN，二是作为在 IP over DWDM/OTN 没有建设且短期内无法覆盖到位的过渡组网方案。

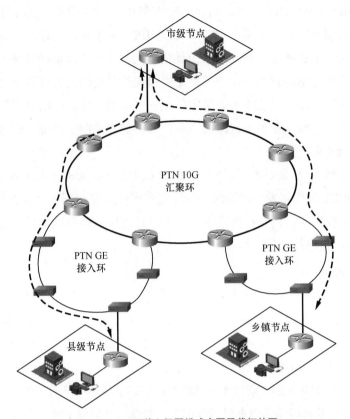

图 5-17　PTN 独立组网模式专网承载拓扑图

如前面 OTN 章节介绍，目前在大型企业及政府主导的跨省大型工程中，专用通信网传输系统的建设主要采用 OTN/DWDM+PTN 的混合组网模式。该模式中，汇聚层以下采用 PTN 组网，核心骨干层采用 OTN/DWDM 技术组建传输系统，链路在 PTN 汇聚接入层完成收敛后，上联至传输系统骨干机房设置的大容量 OTN 设备，利用 OTN/DWDM 的电路调度能力实现跨省、跨市（州）的远距离网络节点互联。网络拓扑结构图如图 5-18 所示。

尽管独立组网模式中可以在核心骨干层组建的 10G PTN 以太网环路业务并通过波分平台承载，但波分平台只作为链路的承载手段。而混合组网模式中，OTN/DWDM 不仅仅是一种承载手段，而且可以通过 OTN/DWDM 对汇聚层上联的 GE 链路与对端网络节点设备之间进行调度，其上联 GE 通道的数量可以根据该 PTN 中实际接入的链路总数按需配置，节省了网络投资。同时，由于单个汇聚层 PTN 网络覆盖的范围有限，极大地简化了 PTN 汇聚节点与 OTN/DWDM 核心节点之间的网络组建，从而避免了在 PTN 独立组网模式中因某节点业务容量升级而引起的环路上所有节点设备必须升级的情况，节省了网络投资。

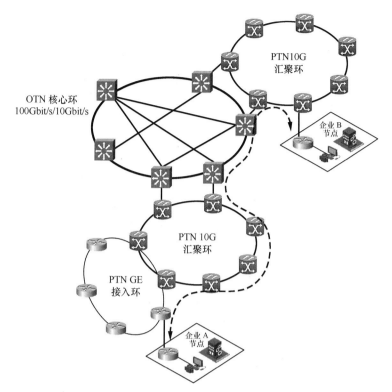

图 5-18　OTN/DWDM+PTN 混合组网模式专网承载拓扑图

（2）租用运营商 IPRAN 专线电路

目前，中国电信正在进行 IPRAN 网络的建设，目标是通过建设一个高品质的承载网综合承载无线回传、电信自营业务以及政企客户专线业务。由于 IPRAN 技术可提供灵活外业务接入，具有灵活带宽、高可靠性及端到端质量保障的特点，同时，IPRAN 通过 PW 承载技术实现业务的快速切换，倒换指标可与 MSTP 相当。可以预见，在不久的将来，基于 IPRAN 分组技术的专线电路出租业务将逐步取代 MSTP 数字专线电路，成为中国电信政企专线出租的主营业务，并在专用通信网的建设中广泛运用。

中国电信建设的 IPRAN 分为核心层、汇聚层与接入层三层。核心层直接与 IP 骨干网相连，一般采用大容量路由器构建，具备高密度端口和大流量汇聚能力，命名为 RAN ER；汇聚层由 B 类设备（IPRAN 汇聚路由器）组成，用于汇聚 A 类设备；接入层由连接基站的 A 类设备（IPRAN 接入路由器）组成。典型 IPRAN 网络拓扑如图 5-19 所示。

在政企专线业务的承载中，在客户侧机房部署政企接入路由器（IPRAN 客户端 U 设备），由电信通过 IPRAN 网管统一管理。U 设备下行通过 FE/GE 接入政企用户该网络节点内的内网核心交换机，上行采用 GE/FE 链路接入 A 设备，如图 5-20 所示。

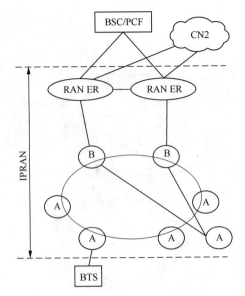

图 5-19　中国电信 IPRAN 网络拓扑图

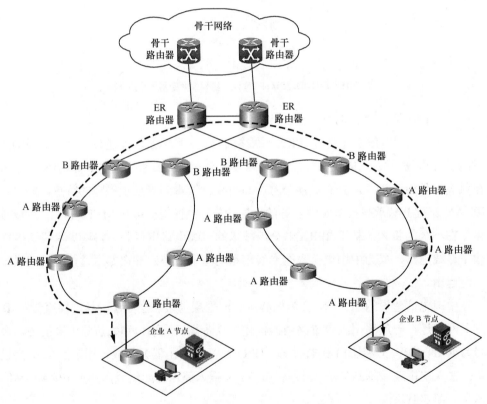

图 5-20　IPRAN 专线电路接入示意图

4．承载业务保护方式

PTN 组网业务保护模式

根据 PTN 网络的分层模型,网络保护方式可分为 TMC 层保护(PW 保护)、TMP 层保护(线性 1:1 和 1+1 的 LSP 保护)、TMS 层保护(Wrapping 和 Steering 环网保护)。PW APS 保护的配置数据量很大,难于管理,通常不建议大规模使用。Steering 环网保护的倒换时间难以保证在 50ms 以内,且支持的厂家较少,也不建议使用。因此,本节重点探讨其他几种保护方式。

(1)双向 1:1 线性保护

基于 MPLS 隧道的 1:1 保护倒换类型是双向倒换,即受影响的和未受影响的连接方向均倒换至保护路径。双向倒换需要自动保护倒换协议(APS)用于协调连接的两端,具体工作方式为:业务从工作通道传送,当工作通道发生故障时,倒换到保护通道。扩展 APS 协议通过保护通道传送,相互传递协议状态和倒换状态,两端设备根据协议状态和倒换状态进行业务倒换。为避免单点失效,工作连接和保护连接应该走分离的路由,保护的操作类型应该是可返回的。

(2)单向 1+1 线性保护

基于 MPLS 隧道的 1+1 保护倒换类型是单向倒换,即只有受到影响的连接方向倒换至保护路径,两侧宿端选择器是独立的。具体工作方式为:业务在源端永久桥接到工作连接和保护连接上,当工作通道发生故障时,业务接收端选择保护通道接收业务,实现业务的倒换,业务是双发选收。为避免单点失效,工作连接和保护连接应该走分离的路由,保护的操作类型可以是非返回的,也可以是返回的。

(3)Wrapping 环网保护

Wrapping 环网保护的工作方式是当网络上节点检测到网络失效时,故障侧相邻节点通过 APS 协议向相邻节点发出倒换请求。当某个节点检测到失效或接收到倒换请求时,转发至失效节点的普通业务将被倒换至远离失效节点方向。当网络失效或 APS 协议请求消失,业务将返回至原来路径。在 PTN Wrapping 环网保护场景下,每一条工作路径均配置一条与其方向相反的封闭环路路径作为保护路径。如图 5-21 所示,一条业务流入环中,业务上载节点为 A,下载节点为 D,其工作路径配置为 A→B→C→D,同时配置一条与其方向相反的封闭环路作为保护路径,即 A→F→E→D→C→B→A。保护路径的标签分配必须和工作路径的标签分配相关联,以便业务能够基于 LSP 在工作路径和保护路径之间进行保护倒换,如图 5-21 所示。

IPRAN 专线电路保护模式

IPRAN 专线电路作为电信运营商提供的一种政企客户出租电路,由电信运营商在承载网建设引入相应的保护技术来保障电路的稳定可靠性。IPRAN 专线电路保护按保护机制可分为隧道保护、业务保护、网络保护。在 IPRAN 网络中,隧道层面、业务层面和网络层面,均可采用 BFD 进行快速的故障检测。

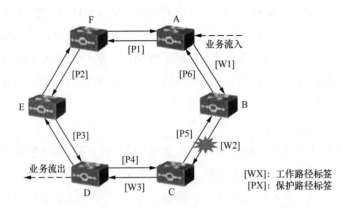

图 5-21　Wrapping 环网倒换流程示意图

（1）BFD 快速侦测

BDF（双向转发检测）是一套用来实现快速检测的国际标准协议，提供轻负荷、持续时间短的检测。BDF 能够在系统之间的任何类型通道上进行故障检测，这些通道包括直接的物理链路、虚电路、隧道、MPLS LSP、多条路由通道以及非直接的通道。

BFD 的工作原理：①自身没有邻居发现机制，靠被服务的上层应用通知其邻居信息建立会话；②会话建立后，周期性地快速发送检测报文；③一段时间内未收到检测报文即认为发生了故障，通知被服务的上层应用进行相应的处理。

（2）LSP 隧道保护

LSP1：1 保护是在 IPRAN 网络中最基本的保护形式，应用于源宿节点不变的场景，用于保护外层标签。在建立 LSP 主隧道的同时，建立 LSP 备份隧道，同时下发到转发平面，当主隧道出现故障时，业务快速切换到备份隧道承载。它采用 BFD 实现快速故障检测。IPRAN 组网中，LSP1：1 保护常与业务保护同时部署。

（3）PW 冗余+VPN FRR 业务保护

接入层采用 PW 冗余，汇聚核心层采用的 VPN FRR 的保护方式。PW 冗余属于业务保护手段，是在建立主用 PW 的同时，建立备份 PW 和支路 PW。当主 PW 出现故障时，业务切换到备份 PW，之后从支路 PW 迁回到原 PE 设备。同样，业务 PW 冗余保护采用 BFD 实现快速故障检测。VPN FRR（快速重路由）是基于 VPN 的私网路由快速切换技术，立足于 CE 双归属的网络模型。通过预先在远端 PE 中设置指向主用 PE 和备用 PE 的主备用转发项，并结合 BDF 等故障快速探测，在网络失效后，主备 PE 快速切换，端到端可达 200ms 的可靠性。

（4）VRRP 虚拟路由器冗余协议的网络层保护

政企专网网络节点的出口设备双归到 IPRAN 网络，两台 RAN CE 路由器之间采用的 VRRP 以及心跳报文提供网络侧面的保护。VRRP 作为容错协议，能够在保证当主机下一条路由器坏掉时，可以及时地由另一台路由器代替，从而保持通信的连续性和可靠性。具体解决方法如下：①在多个路由器运行 VRRP 协议，并组成一个虚拟路由器。②LAN 上的终端主机利用虚拟路由器作为其缺省路由器。③根据优先级的高低和主 IP 地址挑选主路由器，由它提供实际的路由服务；其他路由器作为备份路由器，随时监测主路由器的状态。④当组内备份路由器长时间没有接收到来自主路由器的报文，根据优先级高低选择新的主路由器完成 VRRP 的备份。

5.2　传输专线建设模式的选择

5.2.1　自建和租用模式的比较

在传输专线的建设过程中，首先需要确定的就是建设模式，即采用自建传输系统的方式，还是选择通过租用运营商专线电路来组网。自建方式是在专用通信网传输系统建设中，由企业或者政府的建设部门投资购置网络设备、敷设管线、配置网络机房以及通过自有人员进行网络使用时的维护。租用，又称为"定制网络集成服务"，即按企业或政府部门的需求，由电信运营商提供网络设备以及其他相关网络建设，并且提供工程师进行后期的网络维护工作。

目前我国交通运输、石油、铁道系统、电力系统、公安系统以及中国教育网和金融行业网的专网传输系统以自建方式居多。这主要是因为，部分行业本身拥有物理网络依托，如交通运输部依托高速公路和国道、铁路系统依托铁路线、电力系统依托输电线路等，这些行业都利用自有光缆建设行业专用通信网络。而对于没有此类天然优势的行业系统，则基本采用租用电信运营商专线电路的和自建网络节点的方式搭建专用通信网络，如表 5-1 所示。

表 5-1　　　　　　　　　专用通信网络建设情况

部门及行业	传　输　专　线	网　络　节　点
交通运输	自建光缆为主，租用线路为辅	自建
铁路	自建光缆	自建
电力	自建光缆	自建
公安	租用运营商光缆	自建
石油	自建光缆	自建
教育	租用运营商光缆	自建
金融	租用光缆或带宽，部分光缆自建	自建

对于采用自建还是租用方式的选择，需要综合考虑安全性、建设过程、成本、产权、更新扩容、故障响应与维修、人员配备、覆盖范围和客户感知等多个方面。

其对比如表 5-2 所示。

表 5-2 自建与租用模式对比

建设方式 对比项	自　　建	租　　用
安全	1. 自行采购设备，由技术人员进行维护，通过自身的管理和监控保证网络安全 2. 由于线路专享独占，网络及设备由内部维护管理，可最大限度满足可靠性和安全性方面的要求	1. 通过服务协议中关于网络安全的约束条款进行保证 2. 网络集成服务商自身受到国家网络安全部门的监管； 3. 线路由运营商统一调配，可能无法确保专享独占及端到端通道化连接 4. 业务信息的安全取决于运营商定制服务的安全保障能力，可能对于网络的可靠性和安全性存在一定影响
建设过程	建设和管理过程复杂，工程建设过程实施（工程设计、招投标、采购、施工、验收、试运行等环节）都需要用户自行负责	签订服务协议
成本	1. 网络设备投资、工程建设费用、管线铺设投资、机房环境投资、设备维护服务投资等一次性投资 2. 每年需向网络设备的供货商购买维护服务，支付服务费	按协议支付服务费
产权	归建设者所有	归电信运营商所有
网络更新扩容	1. 网络使用到规定年限后，一般情况下仍能正常使用，更新网络可根据使用情况处置 2. 可随需要不定时更新软、硬件设备	1. 服务期满后，必须立即重新续租，支付下一服务周期的费用 2. 更新更换设备需由协议约定
故障响应与维修	1. 在设备维修保质期内（一般为 3 年），由设备商解决 2. 维修保质期过后，通过自有技术人员进行故障定位与维修；如果超出技术能力范围，需要购买设备原厂技术维护支撑服务，如果设备硬件停产或需要更换，需要重新投资购置 3. 可满足行业在特殊情况下系统资源调配的应急响应支持	1. 在服务协议中约定故障响应与维修条款，一般为 7×24 小时响应，约定时间内进行现场维修，直到解决故障为止；服务范围内的维修工作不需要额外进行付费；如果由于故障没有及时排除而导致损失，应由电信运营商赔偿 2. 对于突发或紧急状态下的应急处置。可能需要特殊的服务，由于租赁合同难以预见，可能存在集成商无法满足要求的情况 3. 为实现网络的快速应急响应机制，可能需要跨运营商、跨区域、跨部门之间的协调，影响网络运维响应速度

续表

建设方式 对比项	自 建	租 用
人员配备	1. 行业已经培养了大批网络运维管理人才，积累了丰富网络运维管理经验 2. 行业培养的网络运维管理人才具备信息化应用业务保障和网络运维两方面经验，更能满足业务保障需要 3. 目前行业自行培养的网络运维管理人才较少，网络建设后多数分支单位需要招聘和培养合格的网管人才，需要较长时间才能完成	1. 一般情况下无需配备专门的网管人员 2. 在用户缺乏网管人才的部门，租用方式更显便捷与重要
覆盖范围	可以最大限度地覆盖行业网络所需的各个节点	某些偏远节点，可能没有适合的电信运营商提供服务，若提供异地服务，可能会影响故障响应与维修的速度
客户感知	1. 在自有网络人员力量强的行业部门，客户感知良好 2. 在自有技术人员力量薄弱的行业，客户感知差，每次出现问题需要临时约请维修人员上门服务，效率低 3. 如果由于建设期采购的设备兼容性有问题，则会出现客户长期感知差的情况	1. 正常运行状态下客户感知良好 2. 在没有配备网络技术人员的行业信息化部门，或者自有技术人员水平较低的情况下，有集成商的专业人员的维护，能够保障系统的正常运营，提高客户使用的良好感知度

从以上分析可以看出，两种建设方式各有利弊，但每种方式对于目标建设网络有一定的要求。在一般专用通信网络的建设中，可以得出以下建议。

① 在行业本身缺少物理网络依托的情况下，对于全国范围的骨干传输网，建议租用运营商的传输网络。跨地域铺设管线、资质限制等问题使得多数行业部门或企业自建全国范围的干线光缆实际可行性较差，这与公路、铁路等系统存在本质区别。因此，只能利用运营商的网络优势和电信级通信保障服务，承担骨干网传输任务。对于部分电信运营商网络达不到的偏远地区，需要自建网络。

② 对于行业中较为封闭且安全性要求较高的网管网络、相关专用生产网络、行业内部办公网络等，使用定制网络集成服务（租用方式）可能存在一定风险，可以采取网络自建的方式。

③ 对安全性要求相对较低的行业信息化应用，可以考虑租用网络集成服务。对于部分划分较为复杂、安全性要求相对较低、经常性提出网络扩建更新需求的业务应用网络以及行业下属分支机构，可以考虑采用租用网络集成服务的模式建设。

④ 对于一个行业或者大型企业的专用通信网，鉴于其网络规模的庞大和复杂，不能统一说哪种方式能够完全解决专网的所有建设要求和现实情况，因此不能采用"一刀切"的方式，建议两种方式混合搭配。

5.2.2 自建模式中光缆建设

在传输专线系统自建模式中，首先要考虑的就是光缆的建设。光缆建设的重点是光缆容量的确定和光纤的选型。

（1）光缆容量

光缆使用寿命按 20 年考虑，光缆纤芯数量的确定主要考虑以下几个因素。

➢ 考虑专用通信网中远期扩容所需要的光纤数量。

➢ 考虑数据、视频、调度控制等业务对缆芯的需求。

➢ 根据网络安全可靠性要求，预留一定的冗余度，满足各种系统保护的需求。

➢ 考虑光缆施工维护、故障抢修的因素。

➢ 考虑光缆建设方式对今后光缆线路扩容的影响。

➢ 光缆的市场价格水平。

➢ 与现有光缆纤芯的衔接。

（2）光纤的选型

光纤类型的选择，必须依据实际需求，综合考虑光纤的传输性能（如衰减、色散、偏振模色散、非线性效应）、系统单信道速率、传输距离、用于承载 WDM 技术还是 DWDM 等技术因素，同时要兼顾良好的性能价格比。

光纤按其传播模式分为两类——单模光纤（SMF）和多模光纤（MMF），根据国际电信联盟电信标准部门（ITU-T）对光纤的分类，多模光纤为 G.651，单模光纤又分为 G.652、G.653、G.654 和 G.655。目前在各专用通信网的建设过程中 G.652 和 G.655 应用最为广泛，下面就着重介绍这两种光纤。

G.652：主要工作窗口在 1330nm 和 1550nm，是普通单模光纤中最常使用的一种光纤。因为单模光纤的设计思想是只传输一个模式，所以不产生多模光纤中传输时所产生的模式噪声。G.652 单模光纤零色散点在 1330nm 处，而最小衰减点位于工作波长 1550nm 处，该点的衰减仅为 0.22 dB/km 左右，但是该点的色散系数则太大为 18 ps/（nm·km）。这个色散系数值会使光信号严重畸变，进而限制传输速率的提高并缩短传输距离。也就是说，G.652 单模光纤在 1550nm 区的低衰减系数没有得到充分的利用，光纤的最低衰减系数和零色散点不在同一区域。

G.655：G.655 光纤是 1994 年推出的非零色散位移光纤（NZDSF），G.655 光纤通过设计光纤折射率剖面，使零色散点移到 1550nm 窗口，使 1550nm 窗口同时具有最小色散和最小衰减。它在 1550nm 窗口处的典型参数为：衰减系数<0.25dB/km，在 1530~1565nm 区间的色散系数绝对值为 1~6ps/（nm·km）。G.655 光纤 1550nm 区较小的色散系数有效避免了四波混频效应的影响。

对于行业或者政企部门专网，光缆的主要作用是作为基础的物理通道承载波分及 SDH 等系统，早期的专用通信网传输系统主要采用 2.5Gbit/s SDH 系统和以 2.5Gbit/s 为基础的 WDM 系统，这两种系统的色散容限较大，每通道可达 12800ps/nm，不存在色散补偿问题。因此，单从色散的角度来说，在 600km 左右的光复用段设置情况下，采用 1550nm 窗口的 2.5Gbit/s SDH 系统和以 2.5Gbit/s 为基础的 WDM 系统工作在 G.652 光纤和 G.655 光纤上并无不同。当然，由于 G.655 光纤色散系数较小，在不需要色散补偿的情况下，无电中继距离较采用 G.652 光纤长，对于 LEAF 光纤，理论计算可达 1700km。目前，以 2.5Gbit/s 为基础的 WDM 系统一般应用在 G.652 光纤上，无电中继距离可达 640km。当然也可采用 G.655 光纤开通 2.5Gbit/s WDM 系统，只是从实际的应用来看，采用 G.655 光纤的优势不够明显；而从投资成本的角度看，采用 G.652 光纤又是非常经济的。因此，可以说，在以 2.5Gbit/s 为基础的 WDM 系统中，采用 G.652 光纤是非常合适的。

随着信息化应用的增多，对带宽的需求也越来越大，因此在专网传输系统的建设中，10Gbit/s SDH 系统和以 10Gbit/s 为基础的 WDM 系统成为主流，10Gbit/s SDH 和 WDM 系统的色散容限一般为 800ps/nm，最大也不过 1600ps/nm。理论上来讲，采用 G.655 光纤后，与 G.652 光纤相比，可以大大减少色散光纤的补偿量。这也是目前在应用 10Gbit/s WDM 系统的情况下，广泛采用 G.655 光纤的原因。但是，对于 10Gbit/s 为基础的 WDM 系统，由于影响的因素较多，不仅是传统的衰减、色散等参数，还包括偏振模色散（PMD）、非线性效应（包括 SPM、XPM、FWM 等）、功率均衡、色散斜率均衡等。因此，10Gbit/s WDM 的系统配置是各方面参数达到优化的综合结果，在系统设计时，应综合考虑上述所有参数。

但是随着近年来 100G DWDM 系统在电信运营商骨干传输网中的广泛应用，越来越多专用通信网也在新建传输系统中采用该技术，由于 100G DWDM 系统在接收端采用了相干解调技术，能自动补偿色散，对光纤带色散要求不那么敏感了，因此也可以采用 G.652 光纤，节省网络建设投资，提高效益。

（3）新技术应用

对于部分行业（如石油），部分网络节点位于偏远地区，无法通过租用运营商光缆或者电路的方式将这些节点接入到专网中。在这种情况下，可以考虑采用 OPPC 光缆。

光纤复合相线（OPPC，Optical Phase Conductor）是一种新型的电力特种光缆，是将光纤单元复合在相线中、具有电力架空相线和通信能力双重功能的电力特种光缆。将传统输电导线中的一根或多根钢丝替换为不锈钢管光单元，使钢管光单元与（铝包）钢线、铝（合金）线共同绞合形成 OPPC，用 OPPC 替代三相导线中的某一相导线，形成由两根导线和一根 OPPC 组合而成的三相电力系统，实现通电和通信双重功能融合。

OPPC 光缆的优势如下：

> OPPC 的光纤安装在相线内，优化输电线路设计，节约电能效果显著。

> 没有地线上的落雷引发的断股、断纤的严重事故，线缆运行更加安全。

> 具有极高的经济性。

> 没有因场强的作用而导致光缆遭遇电腐蚀或引发的毁缆，断纤等事故。

> 安全保障系数高。

> 没有给原有线路附加额外线路负荷带来的隐患。

> 天然防盗，OPPC 与接头盒上均有高电压，有绝对的防盗优势。

对于部分企业，需要在偏远地区新建分支节点，建议采用 OPPC 光缆，在新建分支机构建成供电线路的同时，也形成了覆盖到该分支机构的接入层光纤线路，大大节省了建设费用。

5.2.3　租用模式中需要注意的问题

租用方式不是纯粹的设备或者线路租用，而是一种网络集成服务，由网络集成服务商进行更换、升级及维修。若采用租用方式，可能涉及以下几个方面的重要问题。

（1）服务协议

租用方式中，通过服务协议对电信运营商进行约束，包括提供的设备必须为新设备，并且可以规定相关的型号、相应维护人员的能力、人数等，同时还可以附加严格的网络安全约束、保密协议、响应速度要求等。

（2）资质

在行业专用通信网络建设中，一般要求电信运营商相关集成部门的资质满足工信部下发的一级网络集成资质，证明电信运营商相关集成部门已经经过了国家网络安全部门的认可，并由国家网络安全部门进行监管，保障安全性。一般电信运营商相关集成部门提供的集成服务没有标准的模式，是"一对一"的个性化服务，由电信运营商相关集成部门通过网络搭建以及人员的服务满足用户对于网络使用的需求。

（3）服务方式

按一定周期（如 5 年等）支付服务费用。一般费用的核算方式为：设备折旧、工程费用均摊、人员成本均摊等，相对自建，一次性投资成本可能较低。可以按照一个周期（如 5 年）签订服务协议，到期可以进行下一个周期服务的重新要求（如采用新的设备、扩容等）。

5.3　传输专线技术的选择

专用通信网络传输专线采用自建的模式时，为了提高光缆的利用效率，通常采用 OTN/DWDM 技术建设骨干传输系统。在建设初期对网络可靠性要求不高的情况下，可根据传输设备节点的部署位置采用链状或者环型的 OTN/DWDM 组网结构。如果行业信息化业务应用对承载网的稳定可靠性有严格要求，则需要建设不同的光缆物理路由，组建环形甚至网状的骨干传输系统，便于 OTN 系统提供完善的业务保护机制。在自建传输专线的汇接层面，目前比较主流的技术是 PTN 分组传送技术。该技术对大颗粒业务具有良好的承载能力，同时具备电信级的 OAM，可快速完成点对点连接通道的保护切换，进行端到端的 QoS 保证，从而实现高效的网络保护。

在租用传输专线电路方面，由于 SDH、VPN、IPRAN 等多种组网技术各有优缺点，并适用于不同的应用场景，所以在对技术的选择方面略显复杂。本节主要就对租用传输专线建设模式下专线电路的技术选择进行介绍和分析。

5.3.1　决定传输专线建设的因素

1. 投资效益

在专用通信网传输专线的建设过程中，投资效益一定是企业信息化建设主管部门考虑的首要因素，效益原则是政企信息化建设的基本原则。传输专线是企业专用通信网络重要的组成部分，更是实现企业信息化的基础建设。从传输专线的建设到整个专用通信网的搭建，最后到整个行业或者企业的信息化改造，并不直接创造大量的经济利益。因此，不能用传统的投资回报分析手段来评估。部分国际研究机构提供的调研结果表明，企业在信息化方面的投入，其收益由两部分组成，一部分是显性收益，即在财务报表上可以体现，这部分占比较少，一般不会超过 30%,；另一部分是隐性收益，这部分是企业能力方面的提升，所占比重较大，会达到 70%之多。对于信息化建设给企业所带来的收益，需要从财务方面的收益、组织能力的收益、人员知识的收益、企业创新能力等方面加以分析。国际通行的分析标准是采用信息技术平衡记分卡模型。

（1）财务的角度

财务角度分析从两个方面展开，一是采用了系统后给企业所节约的成本支出，即业务收益；另一方面为系统统一规划后所节约的管理维护成本，即技术收益。

业务收益：

➢ 库存周转期可以明显缩短，库存更加合理，资金占用下降；

➢ 行政费用减少，效率却更高，销售沟通费用减少；

➢ 设备利用率提高，产能增加；

➢ 每张发票处理过程的人员成本减少；

➢ 每笔支付处理过程的人员成本减少。

技术收益：

> 统一、开放的系统降低维护费用；
> 集中管理降低复杂系统的人员成本和费用；
> 物理和逻辑集中最大限度利用了已有的硬件资源。

（2）客户的角度

信息系统的实施加快了内部各个业务部门的信息流动，提高对客户的反应速度和反应准确性，客户的满意和对企业的"忠诚"将逐步建立和积累。客户满意度提升后，带来的收益主要在以下这些方面：

> 客户群趋于稳定，可以间接减少客户维护费用（人员成本、沟通成本）；
> 增加竞争对手抢夺客户资源的成本，提高竞争门槛；
> 市场覆盖面更广，为更准确地制定市场策略提供依据。

（3）业务流程角度

在企业信息化规划实施阶段中，提出了非常具体的基础准备工作，流程的梳理是其中的重点。作为完全基于流程和业务逻辑设计的信息系统，需要标准化的业务流程支撑，而标准化的流程将极大减少业务和管理的复杂程度，降低员工的工作负荷。利用信息系统后带来的收益主要体现在：

> 单位采购人员处理采购订单的能力增强；
> 单位会计人员处理发票的能力增强；
> 每次购买的人工审批环节减少，速度加快；
> 平均的差错和质疑率下降；
> 付款申请周期缩短。

对企业及政府部门来说，位于底层的专线传输系统是实现信息化的基础，只有通过合理地选择传输专线的建设模式及技术实现方式，综合考虑前期建设投资及后期维护成本，用最少的投入建成最适应自身信息化应用产品需求的传输专线系统，达到优化企业内部架构，提升生产、管理效率的目的，从而提高整个企业信息化投资效益。

2. 承载业务

通过第3章的业务分析，可以看出各类行业信息化应用对承载网络的指标要求各有不同，其中数据类业务对于承载网的指标要求不是太严格，但是在行业专网中的数据应用类型最为繁多，同时终端用户数量多、分布广。在承载传输专线的选择上，建议采用 VPN 专线电路。由于运营商建设的公众互联网是为了向公众用户提供互联网接入服务，本身具有网络覆盖率高、接入能力强并且接入方式灵活等特点，所以基于互联网的 VPN 专线电路可以很好地满足行业数据类业务的承载。调度控制类业务对传输专线的带宽需求较小，但是对于网络时延、抖动和丢包都有严格要求，为应对各类紧急突发状况，还要求承载指挥调度业务的网络具备高安全可靠性，以及业务中断的恢复保障能力，所以在选择传输专线的技术时，优先采用 MSTP/SDH 技术，同时新一代 IPRAN/PTN 分组传送技术也是不错的选择。这两类技术都具有安全性高、网络时延小的特点，并且在组建的环网结构中可以实现强大的自愈保护能力，可以为调度控制类业务提供安全可靠的通信服务。最后对于视频通信类业务，其最显著的特点是带宽需求大。大部分视频业务，如视频会议、视频监控和远程教育，本质上都是点到多点的业务，因此在传输专线的建设中应尽量引入高带宽的 VPN 和 IPRAN/PTN 技术，在组网时，以网状结构为主，可适当采用环网。

3．网络节点组织架构

通过第 2 章在专网的架构中对行业内部组网和传输转接的描述我们可以看出，传输专线是一种网络节点间电路连接的基础承载手段，必须满足专用通信网中各节点间的互联承载要求。因此，传输专线的建设模式及技术选择要适用于行业内部组网的结构。而行业内部组网通常又与行业本身的组织架构有关。例如对于某个省级生产企业，采用总部—分支的组织架构，总部位于省中心，分支节点分布在省内各市及区县。行业内部组网通常会采用两级星型结构，每个层级的网络节点只与上级节点间有电路连接，针对这种网络架构通常采用适用于点对点连接的 MSTP/SDH 或者 PTN/IPRAN 专线电路。再如某个营销企业，在全国各地分布有营销网点，任意网点之间都有视频通信或者数据交换的需求，因此在企业内部采用分布式的组网结构。在这种情况下，就建议选择基于互联网的 MPLS VPN 专线电路，因为其具有建立多点对多点通信连接的技术优势。

4．节点物理分布

网络节点在物理上的位置分布也是选择传输专线承载技术的一个重要因素，这里说的物理分布主要指互联网络节点在地理上位置上的相互关系和实际物理距离。例如，某能源企业在多个省份都建设有生产采集基地，节点之间互有通信需求。从地理位置上看，这些基地自南向北沿银福高速沿线设置在陕西、甘肃、宁夏等省份，正好构成一条链状的物理结构，而且整条线路物理距离较长。在这种情况下，通常采用 DWDM 方式建设长距离骨干传输专线。再如某零售行业在同一城市范围内开放多家门店，需要安装统一的安防监控系统，各门店都位于城市某条环线道路附近，选用 PTN/IPRAN 或者 MSTP/SDH 模式建设环型专线传输系统则是最佳的选择。

5.3.2　各专线技术分析

在通信行业，传输承载网通常被比喻成公共交通系统，本章节就用公路交通系统的部分原理对上述介绍的传输专线技术进行简要的分析。首先，道路是公共交通的基础，同理，光纤作为一条通路最底层的物理介质，是节点之间形成通信能力的基础保障。目前，一个城市的交通系统就类似一个运营商的公共互联网，每个路口都是公网中的一台路由器设备，每天都有各式各样的人群通过各式各样的交通工具在公路上通行，好比运营商公网为各类公众用户提供不同速率、不同接口以及不同业务的网络承载。当车流量大的时候，道路的行车会变慢甚至发生堵塞。在网络中则是当用户数增多，用户流量增大的时候，网络会发生拥塞导致丢包。在这种情况下，对于不用的场景就需要扩宽道路或者提高网络带宽。而专网可以理解成那些只为特定的人群开放及使用的高速道路，这些道路通常只有一个方向，交叉路口少，行驶的车辆有限，不易发生拥堵，而且对普通群众进行严格驶入控制，如图 5-22 所示。

图 5-22　普通公路与高速公路

WDM 技术：无论是修建道路，还是修建光缆，都是十分复杂的工程。前文提到，敷设光缆的基础是管道，而城市管网的建设涉及与多个行政管理部门及居民的沟通协调，道路的修建也是一样，在城市中新开一条道路的工程量相比管网只会更复杂。因此，导致了道路和光缆都是十分紧张的资源，要想合理地在有限的道路资源或者光缆资源上行驶更多的车辆或者传输更多的数据，便提出了复用的概念，波分技术由此诞生。它利用光频率和波长复用的原理将频率、波长不同的多载波信号耦合到一根光纤中，增加光纤的传输容量，使一根光纤传送信息的物理限度增加一倍至几十倍。类比到道路交通中，就是我们常见的高架桥，高架桥采用的是空间复用的原理，通过在同一条物理道路的不同空间平面上建设新的道路，以提高道路的使用效率。只是通常高架桥都是两层结构，超过三层的都比较少见，而现在的波分技术可以在一根光缆上开通 80 条不同波长的分路。

MSTP/SDH 技术：基于 SDH 的 MSTP 技术通常运用于政企专线电路，其特点是在环形的网络结构中提供高可靠性的点对点数据传输服务。整个 SDH 网络可以看作一个环形的高速公路，各种乘客及物资在高速公路入口处登上定容量的长途交通车，长途交通车行驶完把乘客及物资送达对端出口。每辆长途交通车都有自己独立的车道，即使在不行驶的时候，其他的交通车也无法使用该车道。SDH 高效的保护倒换机制，可以理解为用户 A 需要把一件货物发送至环形高速对端的用户 B，为了提高货物的送达率，A 将两件同样的货物分别放在环形高速公路入口处两辆朝不同方向行驶的长途交通车上，两辆长途车辆分别从高速道路的上半环和下半环行驶至出口，用户 B 选择性地接收其中 1 件货物。这样即使当某段高速道路因为环境因素中断或者无法使用时，另外一条道路也可以保证长途车顺利将货物送达至用户 B 手中，如图 5-23 所示。

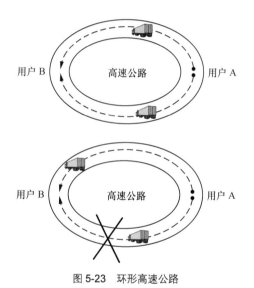

图 5-23　环形高速公路

VPN 虚拟电路：作为运营商提供的一种电路出租服务，VPN 虚拟电路是运营商采用 QoS、MPLS 等技术手段通过在公共网络（Internet）中建立的逻辑隧道（Tunnel），即点到点的虚拟专线进行数据传输。这种建设思路有些类似于现实中的快速公交系统。快速公交系统（Bus Rapid Transit，BRT），是一种介于快速轨道交通（Rapid Rail Transit，RRT）与常规公交（Normal Bus Transit，NBT）之间的新型公共客运系统，是一种中运量交通方式，通常也被人称作"地面上的地铁"。它是利用现代化公交技术配合智能交通和运营管理（集成调度系统），通过设置全时段、全封闭、形式多样的公交专用道，提高快速公交的运营速度、准点率和安全性，实现轨道交通模式的运营服务，达到轻轨服务水准的一种独特城市客运系统，如图 5-24 所示。

图 5-24　城市客运系统

总体上来说，VPN 和 BRT 都是通过综合承载的网络（交通系统）提供差异化的服务能力，相对于建设多套独立的网络（交通）系统，该技术模式从建设的角度来看有利于提高经济效益。当十字路口发生严重拥堵时，一定会对 BRT 中行驶的公交车造成影响。和公路交通类似，既然 VPN 运行在公网中，各类业务及传输数据的突发增长——或当网络受到异常的大规模攻击，以及整个公网的承载能力达到极限，也就是网络中的多台路由器发生流量拥塞或者故障时，或多或少会对虚拟电路的承载网络指标（如延时、吞吐量等）造成一定的影响。但是和交通系统扩容车道相比，随着通信技术的发展以及大容量、高速率的路由器的研发，运营商对网络系统的升级改造，特别是网络吞吐量上的扩容相对容易。中国电信、中国联通等固网宽带运营商公众网络中城域网路由器设备的单端口速率已经达到 100Gbit/s，通过科学合理的流量预测、带宽冗余设计以及安全防范等建设，公网中发生流量拥塞的概率越来越低。同时通过整体的网络安全部署，提高了应对攻击的防御能力以及单节点故障的网络恢复能力，并提供接近 SDH 等专线级别的保护倒换速度。从这个角度上来说，VPN 等虚拟电路业务由于出色的性价比，将会越来越多地运用于专用通信网的建设中。

分组传送电路（PTN/IPRAN）：是一种在 SDH 和 VPN 技术基础上发展出来的技术。采用分组传送技术的专线电路主要适用于点对点数据传输，相对于 SDH 数字电路，它的带宽更高，接入方式更灵活。由于不是采用刚性管道，对网络的带宽利用率有显著的提升。而相对于 VPN 虚拟电路，它不是应用于公网，不面对公众用户，在网络指标方面、网络安全性和保密性上更有优势。在环网的应用场景中，和 SDH 类似，它也相当于一个环形的高速公路，具备双向的保护机制。然而它的道路更宽，并不局限于单一车辆行驶，适用于各类车型，没有严格的车道限制，进入其中的车辆在高速行驶的过程中可以任意变道。

5.3.3　各传输专线技术优劣势

通过前面对电信运营商提供的各类专线电路出租业务的技术特点介绍，对比各主流传输专线组网技术优劣势，可以得到以下结论。

（1）SDH 专线技术

优点是带宽独享，通道透明，安全性高，带宽高，传输时延小；

缺点是带宽不易升级，网络设备端口相对较贵。

（2）MSTP/SDH 专线技术

由于在技术上对 SDH 有所继承，MSTP/SDH 专线技术的优点在于，除了拥有 SDH 的优点之外，带宽分配较灵活，可以通过一个物理端口实现多个方向的互连。

缺点是主要应用于点对点和点对多点的通信模式，相对 MPLS VPN 方式，价格较高，并且维护性略差。

（3）MPLS VPN 技术

优点是长途电路性价比高，端口类型和带宽分配都很灵活，具有良好的 QoS，支持多种用户网络拓扑，可以实现全网状连接；

缺点是带宽在一定程度上仍是共享的，维护较复杂，隔离方式是逻辑隔离，安全性稍差。

（4）IPSec VPN 技术

优点是可以随处接入，端口类型不限，专线成本低；

缺点是使用公网，易受突发的互联网流量冲击，与公网数据共享传输通道，安全性略差，需要仔细设计、实施、管理、维护负载，中心设备要支持大量 Tunnel，压力大，扩展性不好。

（5）IPRAN 技术

优点是网络承载效率高，带宽利用率强，端口类型和带宽分配动态调整，具有良好的 QoS，便于维护，具有较高的性价比。

缺点是相对于 SDH 专线，隔离方式是逻辑隔离，安全性稍差。

（6）裸光纤专线技术

优点是传输速率不受限制，透明通道，通道独享，安全性高，传输时延小；

缺点是只有本地专线，长途光缆租用价格高，并且电信运营商只向部分重要客户提供该项业务。

在政企专网建设过程中，选择电信运营商提供的各种专线电路，需要结合安全性、可靠性、扩展性、带宽、成本和后期维护等因素综合考虑，表 5-3 是根据各类专线技术的特点就上述提到的多个方面进行比较。

表 5-3   各类专线技术特点对比

技术 对比项	MSTP/SDH	MPLS VPN	IPSec VPN	IPRAN	裸光纤
安全性	采用 VLAN 隔离和 VC 物理隔离，可为用户提供完全物理隔离的点到点电路，安全性高	基于 IP 网络，可为用户提供逻辑隔离的点到点、点到多点或多点到多点的专线连接。目前 MPLS VPN 专线的安全性已比较接近 SDH 电路的水平，提供的专线业务可相互隔离，确保客户信息安全，安全性较高	IPSec VPN 为了实现在 Internet 上安全地传递数据，采用了对称密钥、非对称密钥以及摘要算法等多种加密算法，通过身份认证、数据加密、数据完整性校验等多种方式保证接入的安全，数据的私密性、安全性高	采用 VLAN 隔离，并采用端到端隧道逻辑隔离，逻辑隔离的隧道之间完全隔离，任何报文无法跨隧道传输，客户数据安全可靠，安全性较高	完全独立的物理通道，安全性高
可靠性	SDH 传送网具备多种级别的保护，包括 MSP 环保护、SNCP 1+1 保护、设备保护等，提供的专线电路达到电信级，可靠性很高	MPLS VPN 的可靠性在公网的核心层与汇聚层较高，在接入层面相对低些。	IPSec VPN 线路的可靠性依靠公网，易受突发的互联网流量冲击，与公网数据共享传输通道，导致其可靠性略差	IPRAN 传送网通过引入控制平面可在网络出现故障后快速切换，同时自动寻找并建立新的保护路由真正提供抗多点多次失效的高可靠性	物理层的通道，光纤发生中断则承载数据中断，没有办法实现保护，可靠性完成依靠光缆本身的质量
扩展性	SDH 技术提供的点到点连接关系是固定的，需对网络进行调整才能改变，扩展性较差	网络节点增加或者业务需要扩展时，无需对网络进行调整，只需通过网管即可对连接关系进行灵活设置，扩展性较好	IPSec VPN 在部署时一般放置在网络网关处，因而要考虑网络的拓扑结构，如果增添新的设备，往往要改变网络结构，那么 IPSec VPN 就要重新部署，因此造成 IPSec VPN 的可扩展性比较差	网络节点增加或者业务需要扩展时，无需对网络进行调整，只需通过网管即可对连接关系进行灵活设置，扩展性较好	光纤提供的点到点连接关系是固定的，网络节点增加，需要相应地增加光缆
提供带宽	SDH/MSTP 方案提供的带宽一般为 2～10M，较难扩展到更高带宽	采用的都是 FE 或 GE 接口，传输速率高，并可根据需要对带宽进行灵活设置，如初期设为 2M，后期若有需求再扩展为 10M 或 100M	采用的都是 FE 或 GE 接口，传输速率高，并可根据需要对带宽进行灵活设置，如初期设为 2M，后期若有需求再扩展为 10M 或 100M	采用的都是 FE 或 GE 接口，传输速率高，并可根据需要对带宽进行灵活设置，如初期设为 2M，后期若有需求再扩展为 10M 或 100M	传输速率不受限制，运行速率只与两端对接设备端口速率有关

技术 \ 对比项	MSTP/SDH	MPLS VPN	IPSec VPN	IPRAN	裸光纤
成本	政企客户专线业务的电路局向多、流量小，为使网络具有较高的使用效率，需要网络具备较强的统计复用能力，而 SDH 传送网统计复用的功能弱，造成网络利用率低，建设成本成倍增加	不同客户可共用同一个 IP 网络，建立逻辑上私有的数据传输通道，网络资源可统计复用，网络利用率高，建设成本低	IPSec-VPN 在线路层面只需要接入到 Internet，而 Internet 的接入费用则只承担本地的接入费用。因此，连接长途分支时，采用 Internet 作为传输骨干是非常便宜的，但带宽却较高。同时，VPN 设备相对价格低廉	IPRAN 以分组交换为核心，具备强大的带宽统计复用能力，更适应分组业务的高效传输，提高了网络利用率，但受现网资源条件所限，故现阶段建设成本难以降低	成本与租用光纤的长度有关，相对于其传输专线技术，成本较高
网络运维	SDH 网管功能很强，其数据帧中具有传输告警、监控以及故障分析等字节，传输故障定位容易，维护难度较低	基于 IP 技术，而 IP 的数据帧在传输层面缺乏管理开销，故需借助仪表分析传输故障原因及对故障定位，维护难度较高	基于 IP 技术，而 IP 的数据帧在传输层面缺乏管理开销，故需借助仪表分析传输故障原因及对故障定位，维护难度较高	IPRAN 支持层次化 OAM 功能，可实现精细化的故障和性能监控，具有完善的保护和恢复机制，维护较为简便	当光纤发生中断时，需要对故障点进行判断，并指派维护人员前往检修，维护工作量大，中断恢复耗时长

综上所述，无论是采用 SDH/MSTP、IPRAN 的专线电路，还是基于 IP 技术的 MPLS VPN 和 IPSec VPN 专线组网方案，都可以作为专用通信网络各网络节点间的连接手段。其中，SDH/MSTP 与 IPRAN 技术在安全性和可靠性方面优势明显，但经济性相对较差（SDH/MSTP 扩展性也较差）；基于电信运营商 IP 公网的 IP VPN 技术的经济性和扩展性较好，但在安全性与可靠性方面尚有不足。实际建设过程中，还需要结合前文提到的承载业务、节点位置等进行方案选择。

在行业信息化应用对承载网络的安全性和可靠性要求较高时（如政府部门、公安系统、金融机构等），建议选择租用 MSTP/SDH 和 IPRAN 传输专线电路。目前，部分行业信息化建设部门对 MSTP 的认知度比较高，通常明确要求电信运营商只能以 MSTP/SDH 方式组建传输专线电路。但是随着信息化应用数量的增多和业务流量的增长，MSTP/SDH 数字电路在传送大颗粒业务时存在一定困难，此情况下，电信运营商层面可通过两网对接的方式来解决问题，即在行业用户侧采用 MSTP 技术接入，在汇聚层通过 MSTP 与 IPRAN 设备的 GE 端口进行对接，将业务在两网间转移，由 IPRAN 网络来承载。此外，如果企业或政府部门的分支机构较多，其中心节点也应逐步考虑采用 IPRAN 技术接入。在普通企业组建专用通信网时，往往对承载网络的经济性和扩展性要求较高，这种情况下建议租用 MPLS VPN 专线电路或者直接接入电信运营商网络，再通过部署 VPN 网关组建 IPSec VPN 传输专线。

5.3.4 SLA（服务保障协议）简介

在政企用户租用电信运营商提供的专线电路业务中，电信运营商都会提供相应的 SLA（服务保障协议），本节就对 SLA 涵盖的内容进行简要介绍。

1. 定义

SLA（Service Level Agreement，服务等级协议），属于与服务质量相关的范畴。具体来讲，SLA 是国际通行的客服评估标准，是一种由服务供应商与用户签署的法律文件。SLA 承诺只要用户向服务供应商支付相应服务费用，就应享受到服务供应商提供的相应服务。在通信领域中，SLA 主要运用在电信运营商提供的政企客户专线电路服务中，为政企客户提供了一套量化的网络服务标准，以及一种在如今多变又竞争激烈的市场中胜过对手的有效办法。

SLA 中有三个基本的要素，即服务提供商、客户及服务提供商与客户的关系。服务提供商（SP，Service Provider）是指以电信服务作为业务的公司或组织。服务提供商作为一个通用术语，它包括 NO（Network Operator，网络运营商）、TSP（Telecom Service Provider，电信服务提供商）、ISP（Internet Service Provider，Internet 服务提供商）、ASP（Application Service Provider，应用服务提供商）和其他提供服务的组织。客户（Customer）是指基于合同接受服务提供商提供的各种服务的实体，是网络服务的最终购买者。服务提供商是服务提供方，客户是预定并接受服务的一方。服务提供商和客户都在服务提供的价值链中。

2. 专线电路开通服务水平协议（SLA）的内容

政企用户与电信运营商签订的专线电路开通服务水平协议（SLA）通常包含以下内容：

（1）电信运营商承诺的服务水平

网络的服务水平和服务质量，如网络可用性、延时、延时抖动、丢包率等；

各种具体业务的服务水平要求，如业务的可用性、服务器响应时间、接通率等；

业务开通时间，如装机平均时限、最长时限、及时率等；

故障和告警恢复时间，如障碍修复最长时间、平均时间、及时率等。

（2）用户选择的服务等级

电信运营商根据服务水平划分不同服务等级。客户根据需要选择不同的服务等级，并根据具体的需要协商服务等级的相关内容。高服务等级，高服务费用；低服务等级，低服务费用。客户选择的服务等级越高，享有的服务水平越高。在违反 SLA 协议时，客户获得的赔偿额度也越高。

（3）客户的责任

客户必须为自身业务运行负责，不能超出服务水平协议（SLA）规定的权利范围。

（4）服务水平指标的监测方法、监测范围和监测结果分析处理技术的明确

明确服务水平指标的实现结果可能因为监测方法、监测范围和监测结果分析处理技术的不同而有差异。明确相关的各种内容，是为了减少电信运营商和客户之间因为采用不同的技术引起的服务水平和服务质量误差争议。

（5）服务水平协议（SLA）执行情况报告

电信运营商的 SLA 报告由 SLA 性能管理工具自动生成。

SLA 报告定期提交：重大故障、严重性能问题等即时提交；

电信运营商提供多种 SLA 报告提交方式，比如专用系统接口、E-mail、Web、页面、传真、邮件等方式；

客户除了定期收到报告，还可以随时查询相关性能报告；

SLA 报告的结论作为电信运营商管理网络/业务、优化网络性能的参考。

（6）赔偿机制

当电信运营商无法实现服务水平协议（SLA）条款时，赔偿机制自动启动。电信运营商按照相关条款向客户支付补偿费用，保护客户利益。

（7）其他

服务水平协议（SLA）可以包括客户与电信运营商双方同意的任何条款，包括技术支持、动力供应、紧急情况处理、协议的生命期、其他附加条件等保证。

3．QoS 量化指标参数

QoS 指标是政企专网用户与电信运营商之间 SLA 的关键因素，QoS 提供了量化的通信服务指标参数，为客户提供了选择运营商与服务等级的依据。SLA 中的 QoS 参数分为技术特定参数、服务特定参数、服务/技术独立参数。

（1）技术特定参数

技术特定 QoS 参数是与支撑服务的网络技术相关的参数，特别是当所提供的服务是网络承载服务时。一些特定服务参数并不一定和服务的终端用户相关，但是需要在服务提供商内部或是网络运营商/服务提供商之间进行考虑。每个 SLA 合同可以根据具体需要选择不同的参数。如 IP 网络可提供如下的 QoS 参数：延时、分组丢失、可用性、吞吐率和占用率等。

表 5-4   某运营商提供的专线电路技术特定 QoS 参数表

专线类别	质量指标内容	测 试 方 法	标 准
广域网专线	2M 通道 ES	2 小时内误码秒数	0
	2M 通道 SES	2 小时内严重误码秒数	0
	2M 通道误码率	2 小时内传输中的误码/所传输的总码数	≤2e-9
	155M 及以上通道 ES	2 小时内误码秒数	≤6 个/2 小时
	155M 及以上通道 SES	2 小时内严重误码秒数	≤6 个/2 小时
	155M 及以上通道误码率	2 小时内传输中的误码/所传输的总码数	≤10e-7
互联网专线与 APN 专线	IP 丢包率	从客户端 ping 至少 1000 个 IP 包，丢失的 IP 包与所有 IP 包的比值	≤5%
	IP 包平均传输时延	从客户端 ping 至少 1000 个 IP 包，所有 IP 包传送时延的算术平均值	依据带宽不同制定不同标准
语音专线	语音传输时延平均值	当呼叫建立后，语音信号从发端传输到收端的时间间隔	≤400ms
	时延抖动平均值	语音信号经过网关处理后形成的 IP 包，经过 IP 网络传输到达对方网关，在一段测量时间间隔内 IP 包最大传输时延与最小传输时延的差值	≤80ms
	丢包率平均值	语音信号经过网关处理后形成的 RTP 包，经过 IP 网络传输到达对方网关后丢失的 RTP 包与传输中的 RTP 包总数之比	≤5%
	通话中断率	用户在通话过程中，出现通话中断的概率	≤5%

（2）服务特定参数

服务特定 QoS 参数是一些典型参数。这些参数与网络承载的应用、服务特定或应用特定技术参数相关，如服务器、数据库、专线电路的可靠性和可用性等。因为 IT 技术及社会信息化的发展，服务器及专线电路参数将变得越来越重要，并影响所提供服务的整体可用性。对于任何网络服务来说，最有意义的 QoS 参数是可用性。这依赖于可靠性、可维护性和维护支持性能几方面的结合，并涉及网络中支持该服务的任何部分或是实体，无论是硬件还是软件。

表 5-5   某运营商提供的专线电路服务特定 QoS 参数表

站点可用率等级	可用率指标	接 入 方 式
AAA	99.99%	双 CE 链接双 PE
AA	99.95%	单 CE 链接双 PE
A	99.90%	单 CE 链接单 PE（非 DSL 接入）
	99%	单 CE 链接单 PE（DSL 接入）

（3）服务/技术独立参数

SLA 中经常包含服务/技术独立参数，如可用性百分比、平均服务中断时间、平均故障间隔时间、中断强度、平均服务提供时间、平均服务恢复时间、首次获利时间、平均呼叫响应时间等，这些有时被称为"运行性能指标（Operational Performance Criteria）"多数服务/技术独立参数的制定和测量都与时间相关。

服务/技术独立参数的另一个方面是计费周期、安全（服务访问与信息转移/传递）和 SLA 中所规定的为了避免 CPOF（Common Point Of Failure，普通故障点）而提供服务的可选路由和冗余连接。在大型央企或金融机构中，这些因素是十分关键的。

表 5-6　　　　　　某运营商提供的专线电路服务/技术独立参数表

平均故障修复时间等级	平均故障修复时间
T1	≤1 小时
T2	≤2 小时
T3	≤4 小时
T4	≤5 小时

本书第 3 章通过对专用通信网业务的描述和分析，提出数据、视频及调度控制等上层应用服务对承载网络 QoS 的要求，并叙述了不同承载传输专线 QoS 指标对各类业务使用的影响。在政企客户购买电信运营商传输专线电路服务的过程中，可以根据自身专网承载业务类型选择满足业务承载需求的服务等级，综合考虑保密性、成本等因素，和电信运营商签订适合的 SLA。

5.3.5　各级网络节点专线接入模式

在大型的专用传输网络建设过程中，当选用某种技术作为骨干传输系统的建设方式后，还需要考虑专网内各网络节点如何接入到该传输系统，特别对于采用租用电信运营商专线电路的模式尤为重要。因为对于自建的传输系统，其建设目的就只是为行业或者企业本身提供信息化业务承载，在整体的传输系统规划时就会依据网络节点位置决定传输接入层的建设方案，所以，一般情况下接入层传输设备就部署在各网络节点中。但是在租用专线电路的建设模式，电信运营商用于承载政企专线电路的传输网络设备通常部署在运营商各级机房内，与专网网络节点还有一定的距离，因此当企业及政府部门选择了电信运营商提供的某种专线组网技术建设骨干/汇聚传输系统时，还需要制定各网络节点接入到运营商网络的连接方案，通常称之为最后一公里的接入。

在接入层同样可以选择 MSTP/SDH、PTN/IPRAN、以太网接入等技术，目前主要采用以下几种接入模式。

（1）局域网（LAN）接入模式

局域网（LAN）是指在较小的地理范围内，将有限的通信设备互联起来的计算机通信网络。LAN 接入模式适用于在行业内部组网的设备和专网节点设置在统一大楼或相邻大楼内，相互间距离短，传输速率要求高的场景，网络结构图如图5-25 所示。

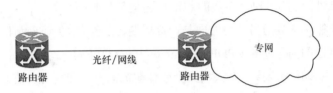

图 5-25　局域网（LAN）接入模式网络结构图

从功能的角度来看，局域网（LAN）接入模式具有以下几个特点。

➢　共享传输信道。在局域网中，多个系统连接到一个共享的通信媒介上。

➢　地理范围和用户数量有限。通常局域网仅为一个单位服务，只在一个相对独立的局部范围内联网，如一座楼或集中的建筑群内。一般来说，局域网的覆盖范围约为 10m～10km 或更大一些。

➢　传输速率高。局域网的数据传输速率一般为 1Mbit/s～1Gbit/s，能支持计算机之间的高速通信，所以时延较低。

➢　误码率低。因近距离传输，所以误码率很低，一般在 10^{-8}～10^{-11} 之间。

（2）光纤数字电路接入模式

光纤数字电路是以光纤为传输介质，基于同步数字传输网络（SDH）光纤数字传输技术组建的宽带核心传送网络，利用各种新的传输技术进行高速数字信号传送的电路业务。该业务可向客户提供 2 Mbit/s 至 2.5Gbit/s、10Gbit/s 等多种传输速率的全透明电路，为客户提供优质、高效的信息传送通路。对于专网中比较重要的网络节点，通常采用 MSTP/SDH 技术组建 1+1 MSP 网络，将政企客户网络节点接入到运营商的传输系统中，结构图如图 5-26 所示。

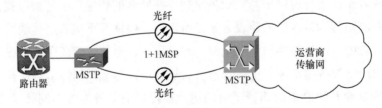

图 5-26　光纤数字电路接入模式网络结构图

光纤数字电路接入模式具有以下几个特点。

➢　基于物理层的全透明传输。为客户提供端到端的全透明高速数字信号传送服务，承载话音、视频、IP、ATM 等多种业务，客户可任选各种网络设备及协议。

➢ 速率高。通信速率可根据需要在 2Mbit/s、34Mbit/s、45Mbit/s、155Mbit/s、622Mbit/s、2.5Gbit/s、10Gbit/s 等中任意选择。

➢ 使用国际通用的 STM-1、STM-4、STM-16 等标准接口。

➢ 带宽独享、传输效率高、质量好、网络时延小、抗干扰能力强、保密性能好。

➢ 由于传输网大多采用自愈环的网络结构，因此可靠性高、业务恢复时间短、经济性好，非常适应现代网络应用的发展需求。

➢ 数字电路网为同步传输网，利用交叉连接技术、电路交换技术，可进行灵活的电路调配，快速响应客户的需求。

➢ 数字电路技术成熟，拥有完善的网络管理监控性能和各种网络保护机制，网络运行情况可实时监控，具有很高的安全可靠性。

（3）PTN/IPRAN 分组传送电路接入模式

PTN/IPRAN，即分组传送网，可理解为分组化的 MSTP。从技术原理上来看，PTN 与 SDH/MSTP 在一些特性上很类似，包括较高的安全性和可靠性、高效的带宽管理机制和流量工程、便捷的 OAM 和网管、丰富的接口等。PTN 基于分组交换、面向连接，能承载多种业务，可与 IP/MPLS 以多种方式互联互通，无缝承载核心 IP 业务。PTN 具备电信级的 OAM，可快速完成点对点连接通道的保护切换，进行端到端的 QoS 保证，从而实现高效的网络保护。作为运营商新一代的传送网技术，IPRAN/PTN 分组传送电路的应用场景与 MSTP/SDH 类似，可以为重要的节点提供基于环网的快速保护倒换，同时相比 SDH/MSTP 能够提供更高的带宽，网络结构图如图 5-27 所示。

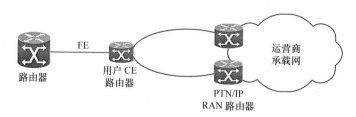

图 5-27　分组传送电路接入模式网络结构图

（4）基于 PON 技术的光纤专线接入模式

PON 即无源光网络，是由光线路终端（OLT）、光分配网（ODN）、光网络单元（ONU）组成的点到多点的信号传输系统。基于 PON 技术的光纤专线是采用 GPON 技术将政企客户专网内的网络节点接入，通过 OLT 汇聚后，连接到电信运营商承载网络。保护方式有 TYPE A/B/C/D 四种，其中最常用的是 TYPE B 和 TYPE C 保护方式。TYPE B 方式通过采用 $N:2$ 的分光器，在 OLT 和分光器间实现端口与光纤的备份；TYPE C 方式中，OLT 和 ONU 均提供 2 个端口，使用 2 个独立的 ODN 网络连接，实现 OLT 和 ONU 间全备份，网络结构图如图 5-28 所示。

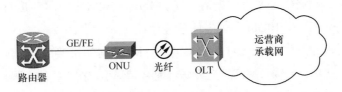

图 5-28　基于 PON 技术的光纤专线接入模式网络结构图

（5）ADSL 拨号数字电路接入模式

ADSL 拨号数字电路接入模式的基础原理与光纤拨号数字电路类似，都是通过在运营商网络中建立起安全的虚拟专用通道实现业务的互通，区别在于用户接入运营商网络的介质采用 ADSL 技术而非光纤，该类技术主要用于相对偏远或者光缆难以通达的地区，只需在用户原有 ADSL 电路的基础上开通拨号数字电路业务，接入方式便捷、高效。网络结构图如图 5-29 所示。

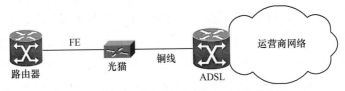

图 5-29　ADSL 拨号数字专线接入模式网络结构图

（6）移动互联网专网接入模式

移动互联网专网接入主要基于 3G、4G 移动高速分组数据网为客户构建安全、移动、高速率、有质量保证的数据网络，并提供差异化、安全可靠的无线数据解决方案。移动用户通过使用各类业务平台定制开发的移动互联网应用，将数据流量引导至统一配置的安全认证接入平台，并通过平台接入到专网内的数据中心来保障业务数据信息的安全。专网接入模式网络结构图如图 5-30 所示。

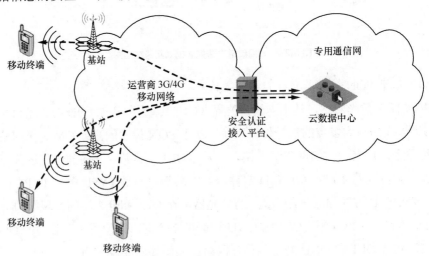

图 5-30　移动互联网专网接入模式网络结构图

随着 4G 的普及和移动互联网的高速发展，各类行业信息化应用中终端用户通过手机接入专网的需求将进一步增加。为了实现各类业务系统平台移动接入的业务模式，通常由行业信息化管理部门统一建设安全认证接入平台，将专网与运营商移动网络对接，通过运营商向安全平台提供必需的信息对接入用户进行认证，为专网整体的安全可靠提供有力的保障。

5.4　总结

通过以上内容对专用通信网传输专线技术、建设模式及其各自优劣势内容的介绍，可将总体的建设思路归纳到图 5-31 中。

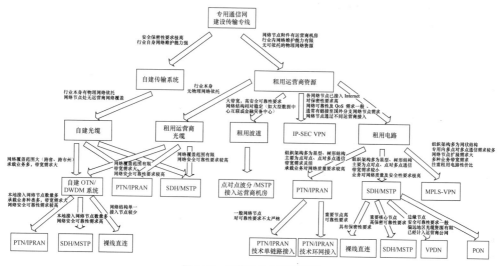

图 5-31　通信网总体建设思路

图 5-31 主要通过对各建设模式和网络技术的分析、理解，并结合现有专网建设经验，总结归纳出的一个笼统的建设思路，可以为各行业、企业及政府部门在建设专网的过程中提供参考。但是在具体的工程建设中，还需考虑自身特殊需求，综合运用多种建始模式和网络技术，打造最适合企业及政府部门信息化应用发展的传输专线系统。

第6章
专网网络信息安全

6.1 等级保护策略简介

当前，信息化在企业、政府等各类组织中得到广泛的应用，取得了长足的进步。从手工处理事务发展到部分电算化，再引入管理信息系统，各类组织在不断加快着自己的信息化建设步伐。

然而信息化在为各类组织工作带来便捷和高效的同时，也正面临着以下问题。

（1）信息的保密性有待加强

在信息化环境下，许多企业内外部往来和交流常常是通过电子邮件、即时通信工具等传递的，信息的保密性难以得到充分保障。

（2）信息的完整性有待提高

网络黑客或竞争对手随时可能非法截取并恶意篡改在网上传递的企业信息，信息的完整性时刻受到威胁。

（3）信息的可用性有待强化

多样化的计算机病毒时常造成计算机运行缓慢，信息的可用性难以得到有效保障。

针对当前企业、政府等各类组织的信息中存在着诸多不安全因素，相关政府组织提出信息系统安全等级保护（简称"信安等保"或"等保"）的一系列规范，从国家标准的高度强化各类组织的信息安全管理。

《GB/T 22240-2008 信息系统安全等级保护定级指南》（以下简称《定级指南》）规定了信息系统安全等级保护的定级方法，而《GB/T 22239-2008 信息系统安全等级保护基本要求》（以下简称《基本要求》）则规定了不同安全保护等级信息系统的基本保护要求。它们相辅相成，前者为信息系统安全等级保护提供了定级指导，后者适用于指导分等级的信息安全建设和监督管理。

《定级指南》明确指出信息系统安全等级由等级保护对象受到破坏时所侵害的客体和对客体造成侵害的程度两者共同决定。在此基础上，《定级指南》把信息安全保护等级划分为一至五级。由于第五级定义为会对国家安全造成特别严重的损害，考虑到国家安全级别的敏感信息的保密性等因素，此系列未明示第五级应具有的安全保护能力、实施指南和测评准则，如表 6-1 所示。

表 6-1　　　　　　　　　　　定级要素和安全保护等级的关系

受侵害的客体	对客体的侵害程度		
	一般损害	严重损害	特别严重损害
公民、法人和其他组织的合法权益	第一级	第二级	第二级
社会秩序、公共利益	第二级	第三级	第四级
国家安全	第三级	第四级	第五级

《基本要求》提出针对不同的安全保护等级，信息系统应具有不同的基本安全保护能力。根据实现方式的不同，《基本要求》又可分为技术和管理两类要求。技术类安全要求与信息系统提供的技术安全机制有关，管理类安全要求与信息系统中各种角色参与的活动有关。

6.2　安全风险分析

6.2.1　专网边界风险与需求分析

1．当专网与 Internet 直接接口时

（1）边界入侵防范

通过安全措施，要实现主动阻断针对信息系统的各种攻击，如病毒、间谍软件、可疑代码、端口扫描、DoS/DDoS 等，实现对网络层以及业务系统的安全防护，保护核心信息资产免受攻击危害。

（2）边界恶意代码防范

病毒与黑客程序相结合，蠕虫病毒更加泛滥，目前计算机病毒的传播途径与过去相比已经发生了很大的变化，更多地以网络形态进行传播，因此防护手段也需以变应变。若网络接入互联网，必须重视通过网络途径查杀病毒，并结合桌面防病毒软件产品实现多层次病毒防护。

2．当专网之间互联时

（1）外部连接边界

专网之间面临着横向的网络连接。若专网间进行数据交换，此边界需要进行逻辑隔离，维护各自网络的边界安全，因此，专网之间需采取网间专用横向隔离设备进行隔离。

（2）内部安全域边界

在专网中，可以进一步划分出多个网络安全域，这些安全域之间存在着内部边界。为能更加有针对性地对各安全域进行防护，在不同的边界应采取不同的防护措施，特别是针对服务器区域，需要重点防护各类应用层攻击行为。

6.2.2 终端环境风险与需求分析

在网络中往往需部署大量的办公终端设备，边界安全解决的是网络外部或者内部边界处的风险，而对于终端环境是无法进行有效控制的。概括来讲，终端环境具备以下几类需求。

1. 终端环境保护与使用行为的管理

终端设备部署较为分散，难以统一管理，操作人员的计算机水平也参差不齐，因此终端设备的安全管理成为网络管理人员最为棘手的安全问题。终端泄密、非授权访问、非法接入等都对数据存储中心的安全造成威胁。各类终端和服务器系统的补丁管理同样是一个重要问题。不及时地给系统打漏洞补丁，会造成蠕虫病毒的入侵。

2. 桌面防病毒

病毒是对终端计算环境造成危害最大的隐患。当前病毒威胁非常严重，特别是蠕虫病毒的爆发，会立刻向其他子网迅速蔓延，这样会大量占据十分有限的带宽，造成网络性能严重下降，甚至网络通信中断，严重影响正常业务的开展。因此必须采取有效手段进行查杀，阻止病毒蔓延危害整个网络。桌面防病毒和边界网络防病毒应该结合起来共同作用，形成对各类病毒的有效查杀。

6.2.3 应用系统风险与需求分析

应用系统的良好运行是安全建设的关键目标。具体针对应用系统的安全，应重点考虑以下几点。

1. 应用安全监控与管理

从用户角度看，业务系统的正常运转是其最关心的核心问题，而业务系统能否实施良好的监控管理则是关键因素之一。因此需要技术手段对应用系统的状况进行全面监控，能够全盘呈现业务环境，实施主动监控，进行运行趋势分析，及时发现存在的问题。

2. 身份认证与授权系统

对于系统资源以及设备的访问管理，大多局限于简单的用户名/口令的单因素认证方式。单一密码方式被公认为弱身份，存在的问题很多。如：容易受到强力攻击，社会工程学指导下可以猜测密码，用户设置的密码强度较低（经常采用名字、生日、电话号码等构成密码）。因此需要建立一种全新的认证授权方式，对核心业务系统进行统一管理。

3．系统漏洞评估

对于平台上大量的服务器、网络设备、主机等系统，经常存在系统漏洞，容易被恶意软件或不法分子利用，进行系统攻击，因此其安全配置显得尤为重要。我们建议定期/不定期地全面掌握网络设备、安全设备、主机、应用系统、数据库系统的风险情况，并以此在安全事件发生前进行加固，全面提高抗风险能力。

6.2.4　数据保密风险与需求分析

为保证整个网络系统的稳定运行，应确保数据信息共享的高效和信息的安全，可以在网络结构和网络技术上采取相应措施来保证数据的安全保密。

1．数据完整性

网络与外界通过防火墙等技术隔离，并采用 MPLS VPN 技术为各类应用系统和网管系统信息建立不同的逻辑域隔离的 VPN 网络，对于系统管理数据、鉴别信息和重要业务数据，通过地址空间隔离和路由信息，可以防止数据被恶意添加、删改。

2．数据保密性

MPLS VPN 通过在物理站点间定义一条唯一的数据通道来加强数据的机密性，这可以禁止攻击者非法获得数据拷贝，除非他们在内部网络上放置镜像器。从而使系统管理数据、鉴别信息和重要业务数据外泄的机会最小化。

3．数据的备份和恢复

建议采用双中心平台云存储的网络架构。若条件不满足，可部署一套主存储阵列和一套镜像存储阵列，作为数据在线备份，同时购置一套磁带库，作为数据的脱机备份。在网络结构上，对网络设备、通信线路和数据处理系统的硬件均采用冗余设计，保证系统的高可用性。

6.2.5　安全管理风险与需求分析

完整安全技术体系的搭建需要众多的安全设备和安全系统,其型号和品牌不一,物理部署位置分散，技术人员能力水平差异大。如进行大规模网络与业务建设，有限的管理人员难以对安全设备进行集中管理，及时快捷地部署安全策略，全面掌握设备运行和网络运行的风险状况。如何用好安全设备和安全系统支撑业务安全稳定运行成了一个棘手的问题。需要考虑完善的安全运营系统的建设，建成一套具有主动机制的安全防控系统，以对全网的信息安全进行监督和管理。

6.3 专网安全方案规划方法

6.3.1 安全域的划分

首先根据整体网络架构进行安全域的划分工作，根据防护对象各自的特点而采取不同的技术及管理手段，从而构建一整套有针对性的安防体系。将所有具有相同安全等级、相同安全需求的计算机划入同一网段内，在网段的边界处进行访问控制。

目前比较流行的安全域划分方式为：根据业务划分、根据安全级别划分。不同行业的业务不同，划分的方法不同，划分的结果也不同。所以具体的安全域划分应根据不同行业、不同用户、不同需求，结合自身在行业的经验积累来进行。最终的目的是达到对用户业务系统的全方位防护，满足用户的实际需求。

安全域是指同一系统内根据信息的性质、使用主体、安全目标和策略等元素的不同来划分的不同逻辑子网或网络。每一个逻辑区域有相同的安全保护需求，具有相同的安全访问控制和边界控制策略，区域间具有相互信任的关系，而且相同的网络安全域共享同样的安全策略。当然，安全域的划分不能单纯从安全角度考虑，而是应该以业务角度为主，辅以安全角度，并充分参照现有网络结构和管理现状，才能以较小的代价完成安全域划分和网络梳理，而又能保障其安全性。

6.3.2 平台边界安全设计

1. 边界逻辑隔离

防火墙技术是目前网络边界保护最有效也是最常见的技术。采用防火墙技术，对全网重要节点和网段进行边界保护，可以对所有流经防火墙的数据包按照严格的安全规则进行过滤，将所有不安全的或不符合安全规则的数据包屏蔽，杜绝越权访问，防止各类非法攻击行为。

策略制定建议如下：

① 严格制定防火墙策略，限制所有无关访问；

② 关闭不必要的服务；

③ 严格限制进、出网络的 ICMP 流量和 UDP 流量等；

④ 允许网络管理流量通过；

⑤ 网络可集中放置面向 Internet 服务的主机，成立 DMZ 区域，集中监控网络流量。

同时边界防火墙还应与终端将要部署的内网安全管理系统进行安全联动，形成可动态调整的安全形态。

2．异常流量管理

当网络与互联网直接连接时，对于服务的访问流量是我们需要保护的。但是，往往有一些"异常"的流量，通过部分或完全占据网络资源，使得正常的业务访问延迟或中断。异常流量根据产生原因的不同，大致可以分为两类：攻击流量、病毒流量。

攻击流量：是以拒绝服务式攻击（DDoS）为代表，他们主要来自于互联网，攻击的目标是互联网服务区安全域中的服务系统。

病毒流量：病毒流量可能源自数据存储中心内部或互联网，主要是由蠕虫病毒所引发，一旦内部主机感染病毒，病毒会自动地在网络中寻找漏洞主机并感染。互联网中的大量蠕虫病毒也可能通过安全边界，进入到数据存储中心中来。

通过在专网的最外侧部署异常流量管理系统，可以实时地发现并阻断异常流量，为正常的互联网访问请求提供高可靠环境。异常流量管理系统直接面向互联网，阻断来自互联网的攻击以及病毒的自动探测和传播。

异常流量系统必须具备智能的流量分析能力、特征识别能力，具备大流量入侵时足够的性能处理能力。

3．网间安全隔离

当专网之间需要进行数据交互，但有一个是高度安全的专用网络，不允许直接接入其他网络时，必须在保证安全隔离的前提下进行必要的数据交换，此处需部署高性能的网间专用横向隔离设备解决隔离交换的问题。

4．网关病毒防护

由于存在病毒与黑客程序相结合、蠕虫病毒更加泛滥、病毒破坏性更大、制作病毒的方法更简单、病毒传播速度更快、传播渠道更多、病毒感染对象越来越广等趋势，一旦办公终端区的主机感染病毒，病毒可能主动地对整个内部网络中所有主机进行探测，若发现漏洞主机，将自动传播。整个探测过程会极大地消耗网络的带宽资源，并且可能造成病毒由办公终端安全域传播到其他重要的业务服务安全域和管理安全域中，引发攻击和破坏行为。

斩断传播途径是防止传染病爆发最为有效的手段之一，而这种防治手段不仅在传染病防治方面十分有效，在防止计算机病毒扩散方面也起到了同样的效果。

因此，需要有针对性地在互联网边界异常流量管理系统之后、防火墙之前部署防病毒网关。在最接近病毒发生源安全边界处进行集中防护，可以有效防止病毒从其他区域传播到数据存储中心内部其他安全域中。部署防病毒网关时应特别注意设备性能，产品必须具备良好的体系架构来保证性能，能够灵活地进行网络部署。同时为达到最佳防毒效果，建议 AV 防病毒网关设备和桌面防病毒软件为不同的厂家产品。

5．入侵防护

核心业务服务器一般集中在各自的安全域里，而服务器区则最容易成为入侵目标的部分。为了确保数据存储中心内部各服务器区的安全访问，必须建立一整套的安全防护体系，进行多层次、多手段的检测和防护。入侵防护系统（IPS）就是安全防护体系中重要的一环，它能够及时识别网络中发生的入侵行为，并实时报警，进行有效拦截防护。

IPS 监视计算机系统或网络中发生的事件，并对它们进行分析，以寻找危及信息的机密性、完整性、可用性或试图绕过安全机制的入侵行为并进行有效拦截。IPS就是自动执行这种监视和分析过程，并且执行阻断的硬件产品。

将 IPS 部署到网络的服务器区域之后，IPS 动态地进行入侵行为的保护，对访问状态进行检测，对通信协议和应用协议进行检测，对内容进行深度的检测，阻断来自内部的数据攻击以及垃圾数据流的泛滥。由于 IPS 对访问进行深度的检测，因此，IPS产品需要通过先进的硬件架构、软件架构和处理引擎对处理能力进行充分保证。

6.3.3　通信线路安全设计

通信线路安全的目标主要是对数据在广域网传输时提供安全保障，通过通信链路和加密设备保证数据传输的安全可靠。

通信线路安全体系提供数据完整性和保密性、链路可用性和可靠性等安全服务，主要采用链路加密设备、冗余链路等措施，针对窃听者通过搭线、信号侦听、协议分析等手段窃取网上传输的数据的情况，一方面采用屏蔽线路来防止信号的辐射，另一方面采用链路加密设备对广域网上传输的信号进行处理。链路加密设备实现两个主要功能：一是对网上传输数据加密，二是在链路空闲的时候填充信号流，防止协议分析攻击。

6.3.4　终端环境安全设计

1．终端安全管理

在当今网络应用中，内部泄密和内部攻击已经成为威胁网络安全应用的最大隐患。在各级终端上统一部署内网安全管理系统，通过对终端和访问行为进行限制与保护，达到安全业务访问的目的。同时，可以在各级节点安全管理安全域中部署内网安全管理系统的管理主机服务器、控制台、数据库，对各级节点的终端主机进行统一的管理。

通过部署内网安全管理系统，可实现终端安全加固、网络接入控制、非法外联控制、资产管理、I/O 接口管理、终端配置维护、终端审计监控等功能，同时与边界防火墙可以形成安全联动，构建动态安全。

（1）终端安全加固

实现补丁管理，对内网终端计算机的补丁状态进行定期检测并自动安装与更新。

实现防病毒软件监测，判断终端计算机是否安装了防病毒软件、防病毒软件运行是否正常以及病毒库是否保持最新等情况，并对于未进行防病毒软件部署的主机进行内网接入限制。

实现主机防火墙功能，有效防范网络入侵和攻击行为。

（2）网络接入控制

对接入网络的终端计算机进行身份鉴别或者安全状态检查，阻止未授权或不安全的终端计算机接入和访问网络资源。

（3）非法外联控制

在网络中，不能自行私自与互联网连接，因此需要通过控制外接设备的使用和终端计算机的拨号行为进行网络非法外联控制，充分保证网络内计算机的安全性。

（4）资产管理

实现终端计算机的硬件配置（包括 CPU 类型、主频、内存、硬盘、显示卡、网卡等）的自动登记，使网管人员在控制台的机器上，可以观察到各个机器的配置信息。

能够自动将终端计算机的操作系统、安装的软件、运行的程序和服务、系统日志、共享资源以及补丁、端口等信息统计汇总，并可进行分类管理。

（5）I/O 接口管理

管理员可集中制定策略，允许或阻断用户对受控终端的各种输出设备进行访问，包括 USB 可移动存储设备、打印机、DVD/CD-ROM、软盘、磁带机、PCMCIA 设备、COM/LPT 端口、1394 设备、红外设备等；对本地打印机使用情况进行审计；对受控终端的可移动存储设备的使用情况进行审计；对拨号访问情况进行审计。

（6）终端配置维护

通过终端管理系统，IT 管理人员可获得终端计算机各种相关信息，如主机名、IP 地址、网络参数、账户信息等。

IT 管理人员可以响应远程终端计算机的协助请求，临时接管远程终端计算机，进行本地化操作。

（7）终端审计监控

对终端计算机运行的进程进行监控，可限制用户运行某些程序。

可对终端重要用户行为、系统资源的异常使用和重要系统命令的使用等系统内重要的安全事件记录分析，并生成审计报表。

2. 桌面病毒防护

病毒是网络业务的重大危害，在爆发时将使得终端瘫痪，网络路由器、交换机、防火墙等网关设备性能急速下降，并且占用整个网络带宽，影响全网的正常运行。

针对病毒的风险，我们建议通过终端与网关相结合的方式，以用户终端控制和网络防火墙进行综合控制，重点是将病毒消灭或封堵在终端这个源头上。在边界安全设计中，纵向上下级之间外部边界均部署 AV 防病毒网关，可以对病毒进行过滤，防止病毒扩散。同时，在所有终端主机和服务器上部署网络防病毒系统，加强终端主机的病毒防护能力，与防病毒网关组成纵深防御的病毒防御体系。

在安全管理安全域中，可以部署防病毒服务器，负责制定终端主机防病毒策略，建立全网统一的一级升级服务器，在下级各单位节点部署二级升级服务器，由管理中心升级服务器通过互联网或手工方式获得最新的病毒特征库，分发到网络节点的各个终端，并下发到各二级服务器。在网络边界通过防火墙进行基于通信端口、带宽、连接数量的过滤控制，可以在一定程度上避免蠕虫病毒爆发时的大流量冲击。同时，防毒系统可以为安全管理中心提供关于病毒威胁和事件的监控、审计日志，为全网的病毒防护管理提供必要的信息。

6.3.5 应用系统安全设计

1. 应用安全监控管理

由于网络业务系统的复杂性，一个应用往往涉及多台服务器的多个线程，因此出现问题的概率也相对较大，问题反馈的时间也无法保障。另外，现在基于网络的三层 B/S 越来越复杂，一旦出现问题解决起来变得异常麻烦，可能需要动用网络管理员、应用管理员、数据库管理员等多个岗位的人员进行核查、排错。

在系统监控管理方面，用户最关心的是业务系统的监控管理，目前通用的系统管理软件无法对用户多样的关键业务系统进行有效监控、管理和展现。通过部署应用安全管理系统，可以在一个平台上实现对多个关键业务系统全面、高效、统一的管理。

应用安全管理系统并联在核心交换机上，对业务状态进行管理和监控。同时，在数据存储中心的安全管理安全域中部署控制台，进行集中的监控和管理。通过部署应用安全管理系统，可以实现下述功能。

统一管理：它提供了一个通用的图形界面和网络管理基础架构，用于跨设备执行管理功能、集成应用，并实现网元管理统一化。

全网络可视性：借助发现物理和逻辑拓扑图、集中事件管理、图表和统计消息等功能，能够全面显示和深入报告网络的行为。

网元管理：它通过数据存储中心本地网元管理器对每个设备提供直接的访问，并允许从安全管理区中配置所有的网络设备。另外，还支持跨多种设备类型进行基于策略的管理。

远程管理：能够管理大型的、分布式的网络，可分布式部署应用安全管理系统到各级节点，从本地捕捉网络统计数据，并将相关的信息传送到数据存储中心的控制器。

2．身份认证与授权管理

为实现对业务系统的集中认证与权限管理，维护应用系统需要建设一套应用层安全支撑系统，以统一保障应用层系统安全。对网络部署一套认证、授权产品，实现对用户访问的统一管理，同时部署安全审计设备对用户的行为进行审计，对多种应用系统、设备、服务器和数据库进行统一集中的认证、授权和审计，为多种系统资源提供统一的安全基础设施。部署统一认证、授权系统和审计系统，安全支撑系统的核心组件能够提供用户基本的认证授权和审计功能，保护对系统资源的访问控制。

3．系统漏洞评估

根据风险评估和需求分析，按需部署漏洞扫描产品。漏洞扫描系统在网络中并不是一个实时启动的系统，只需要定期挂接到网络中，对当前网段上的重点服务器以及主要的桌面机和网络设备进行一次扫描，即可得到当前系统中存在的各种安全漏洞，针对性地对系统采取补救措施，即可在相当一段时间内保证系统的安全。

通过部署漏洞扫描产品，可以达到如下目标。

➢ 能够对所有设备和主机的安全状况进行评估，给出当前网络的安全漏洞。

➢ 对数据安全状况进行综合分析，找出网络的薄弱点，为决策提供参考，做到安全建设，有的放矢。

➢ 对发现的安全问题给出详细的描述和解决办法，帮助管理员及时地处理发现问题。

➢ 通过升级最新的扫描插件，可以发现最新的安全漏洞，帮助预防以蠕虫为代表的攻击破坏行为。

➢ 制定周期评估计划，获得网络安全状况的变化趋势，整个过程自动进行。

➢ 减轻管理人员的工作负担，大大提高工作效率。

4．安全审计

安全审计系统主要用于监视并记录网络中的各类操作，侦察系统中存在的现有和潜在的威胁，实时地综合分析出网络中发生的安全事件，包括各种外部事件和内部事件。在网络部署网络审计系统，形成对全网数据的流量监测并进行相应安全审计，同时和其他网络安全设备共同为集中安全管理提供监控数据，用于分析及检测。

部署的网络安全审计产品需具备以下功能。

（1）网络行为审计

网络审计系统能够全面详实地记录网络内流经监听出口的各种网络行为，以便进行事后的审计和分析。日志以加密的方式存放，只有管理者才能调阅读取。网络行为日志全面地记录了包括使用者、分组、访问时间、源 IP 地址、源端口、源 MAC 地址、目的 IP 地址、目的端口、访问类型、访问地址/标识等关键数据项。支持在三层交换网络环境下获取用户计算机真实 MAC 地址功能；支持 GRE（通用路由协议封装）和 MPLS（Multi-Protocol Label Switching，多协议标签交换）两种协议及其应用环境下的网络数据审计还原。

（2）网络内容审计

网络审计系统应记录网络内流经监听出口的各种网络行为产生的具体内容，包括正文、文件等信息，以便进行事后的审计和分析。内容审计既能够无条件记录，又能通过策略指定访问者（IP 地址/账号/分组）、时间范围、内容关键字等条件下有条件地记录管理用户需要的访问内容。

（3）网络行为控制

网络审计系统可通过有效的技术手段对上网行为进行规范的管理和控制。

6.3.6 安全运营系统设计

建立分级的安全运营管理与审计系统，主要实现以下功能。

① 网络安全管理与安全监控职能：管理各种安全服务和安全机制的有效性，如防火墙访问控制策略维护、密钥的定期更新等，配置各种系统和网络设备，保障网络的安全可靠运行；实时监视网络上的各种活动，发现和弥补安全隐患，检测、终止和跟踪入侵行为与犯罪行为，增强网络的安全性。

② 应用系统安全管理职能：负责应用系统的安全可靠运行，并负责用户的授权和维护工作。

③ 授权管理职能：从用户、角色和资源方面进行用户授权管理。可以制定到资源边界的粗粒度授权，即用户按照权限和管理范围的不同，能够访问不同的资源；也可以制定针对资源操作的细粒度授权，系统能够根据用户管理权限的大小为用户分配相关的访问资源的角色以及具体操作。

④ 智能风险管理职能：全面、实时地掌握全网的脆弱性、威胁和风险情况，并能对多个时间点的风险情况进行对比分析。在掌握全网风险状态的基础上，有效地开展风险控制并部署各项管理工作，包括发布预警信息，指导各级安全管理机构及时调整相应设备配置策略，开展有针对性的安全服务工作等。

⑤ 安全预警管理职能，基于安全通告、安全审计以及安全脆弱性等多类安全预警分析，通过梳理实体资源对象、直接相关业务系统、间接依赖业务系统的逻辑关系深度预警分析，确保安全预警信息的及时性、准确性、可靠性、可用性。

6.3.7　安全部署示例及设备配置

以某业务专网为例，根据安全风险分析，其示意图如图 6-1 所示。

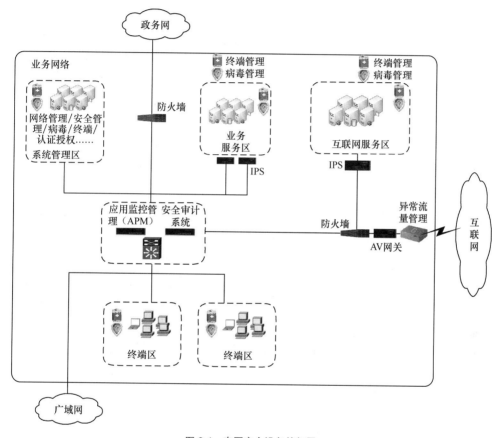

图 6-1　专网安全设备的部署

安全设备部署如表 6-2 所示。

表 6-2　　　　　　　　　　　专网安全设备设置

网络类别	部 署 产 品	数量	部 署 位 置	部 署 作 用
业务专网	异常流量管理系统	1 台	互联网边界最外侧	阻断来自互联网的各种流量型攻击行为，保障正常的业务流量
	AV 防病毒网关	1 台	互联网边界，异常流量管理系统之后	边界集中进行病毒过滤，与网络防病毒组成多层次深度防御

续表

网络类别	部署产品	数量	部署位置	部署作用
业务专网	互联网边界防火墙	1台	互联网边界，AV网关之后	控制进出外网的所有数据流量，阻止各类非法应用
	IPS入侵防御系统	3台	服务器区之前	实时阻断针对业务服务器应用系统的各类入侵行为
	网络版防病毒软件	1套	办公终端和服务器	抑制恶意病毒传播，保持网络清洁。与AV防病毒网关组成多层次深度防御
	防病毒服务器	1台	服务器区	配合防病毒软件阻止病毒传播
	业务网安全管理系统（终端安全管理）	1套	办公终端	统一进行外网终端的安全管理，实现对终端使用行为的限制和保护
	安全管理服务器	1台	服务器区	配合安全管理系统实现外网终端的管理
	漏洞扫描产品	1台	网络可达扫描对象即可	对所有的设备和主机进行漏洞扫描，给出当前网络存在的安全漏洞
	应用安全监控（APM）	1台	网络可达各服务器即可	对应用服务器、系统、数据库进行状态监测和监控，实时发现故障并报警，快速定位故障点，为恢复环境提供依据
	安全审计系统	1台	旁路并接核心交换机	监控上网行为，记录重要用户行为、系统资源的异常使用和重要系统命令的使用等，分析数据并生成审计报表
	认证、授权系统	1套	安全管理区	为业务网业务系统提供统一的身份认证与授权管理
	安全运营系统	1套	网络可达各服务器及办公终端	网络安全管理与安全监控、应用系统安全管理、授权管理、智能风险管理及安全预警管理
业务网和政务网之间	防火墙	1台	两网之间边界	隔离业务网和政务网，严格控制流经的网络数据，只允许必要的业务交换数据通过

6.4　常用设备介绍

目前在各类企业及政务专网中，防火墙与入侵防御设备的使用频率较高，本节主要对这两种设备进行简要介绍，具体和更详细的安全设备及产品资料可以通过查阅网络安全方面的书籍获取。

6.4.1 防火墙

1．设备简介

所谓防火墙指的是一个由软件和硬件设备组合而成，在内部网和外部网、专用网与公共网之间的界面上构造的保护屏障，是一种获取安全性方法的形象说法。它是一种计算机硬件和软件的结合，使 Internet 与 Intranet 之间建立起一个安全网关（Security Gateway），从而保护内部网免受非法用户的侵入。防火墙主要由服务访问规则、验证工具、包过滤和应用网关 4 个部分组成，就是一个位于计算机和它所连接的网络之间的软件或硬件，流入流出该计算机的所有网络通信和数据包均要经过此防火墙。

防火墙适用于用户网络系统的边界，属于用户网络边界的安全保护设备。所谓网络边界，即采用不同安全策略的两个网络连接处，比如用户网络和互联网之间的连接，和其他业务往来单位的网络连接，用户内部网络不同部门之间的连接等。防火墙的目的就是在网络连接之间建立一个安全控制点，通过允许、拒绝或重新定向经过防火墙的数据流，实现对进、出内部网络的服务和访问的审计与控制。

防火墙最基本的功能就是控制计算机网络中不同信任程度区域间传送的数据流，例如互联网是不可信任的区域，而内部网络是高度可信的区域，以避免安全策略中禁止的一些通信，与建筑中的防火墙功能相似。

2．设备重点参数

防火墙的参数包括整体性能和功能、检测技术、VPN 功能、安全策略、NAT、路由协议等方面。在政企组网设计中，我们需要重点考虑的参数主要为设备的吞吐量、最大并发连接数、端口配置、功能特性。

吞吐量和最大并发连接数是关系防火墙应用的主要指标。防火墙吞吐量一般大于 2Gbit/s，最大并发连接数一般大于 150 万。根据防火墙的承载范围和业务量，吞吐量可选择大于 5Gbit/s，最大并发连接数可选择大于 240 万。防火墙端口配置需要根据组网需求和未来扩展需求考虑，一般可配置个位数的 10GE 光端口、GE 光端口或 FE 光/电端口。根据防火墙的所处位置和功能要求，可配置防范蠕虫、SQL、特定应用层攻击等。

6.4.2 IPS 入侵防御系统

1．设备简介

入侵防御系统（IPS，Intrusion Prevention System）是电脑网络安全设施，是对防病毒软件（Antivirus Programs）和防火墙（Packet Filter，Application Gateway）的

补充。入侵防御系统是一部能够监视网络或网络设备的网络资料传输行为的计算机网络安全设备，能够即时地中断、调整或隔离一些不正常或是具有伤害性的网络资料传输行为。

在 ISO/OSI 网络层次模型（见 OSI 模型）中，防火墙主要在第二层到第四层起作用，它的作用在第四层到第七层一般很微弱。而防病毒软件主要在第五层到第七层起作用。为了弥补防火墙和防病毒软件在第四层到第五层之间留下的空档，几年前，工业界已经有入侵侦查系统（IDS，Intrusion Detection System）投入使用。入侵侦查系统在发现异常情况后，及时向网络安全管理人员或防火墙系统发出警报。可惜这时灾害往往已经形成，因此，防卫机制最好是在危害形成之前起作用。随后应运而生的入侵响应系统（IRS，Intrusion Response Systems）作为对入侵侦查系统的补充，能够在发现入侵时迅速进行反应，并自动采取阻止措施。而入侵防御系统则作为两者的进一步发展，汲取了两者的长处。

入侵防御系统也像入侵侦查系统一样，专门深入网络数据内部，查找它所认识的攻击代码特征，过滤有害数据流，丢弃有害数据包，并进行记载，以便事后分析。除此之外，更重要的是，大多数入侵防御系统同时结合考虑应用程序或网络传输中的异常情况，来辅助识别入侵和攻击。比如，用户或用户程序违反安全条例，数据包在不应该出现的时段出现，作业系统或应用程序的弱点正在被利用等现象。入侵防御系统虽然也利用已知病毒特征，但是它并不仅仅依赖于已知病毒特征。

建立应用入侵防御系统的目的在于及时识别攻击程序或有害代码及其克隆和变种，采取预防措施，先期阻止入侵，防患于未然，或者至少使其危害性充分降低。入侵防御系统一般作为防火墙和防病毒软件的补充来投入使用。在必要时，它还可以为追究攻击者的刑事责任而提供法律上有效的证据。

2．设备重点参数

IPS 入侵防御系统的参数包括整体性能、检测和防御功能、识别和控制功能、可用和可靠性等方面。在政企组网设计中，我们需要重点考虑的参数主要为设备的吞吐量、最大并发连接数、端口配置、防病毒功能。

IPS 入侵防御系统的吞吐量一般大于 1.5Gbit/s，最大并发连接数一般大于 150万。根据 IPS 入侵防御系统的承载范围和业务量，吞吐量可选择大于 3Gbit/s，最大并发连接数可选择大于 240 万。防火墙端口配置需要根据组网需求和未来扩展需求考虑，一般可配置个位数的 10GE 光端口、GE 光端口或 FE 光/电端口。根据 IPS 入侵防御系统的保护内容和功能要求可实现对病毒、间谍软件、网络钓鱼、漏洞攻击和黑客工具等恶意软件的检测和阻断功能。

第7章

机房的组网环境

机房环境建设是依据建设需求、法律法规、工程标准，运用新一代设计理念以及可实现技术，确定整体思路、总体构架和技术策略，以实现建设目标，包括节能目标。

在总体设计中，主要从总体拥有成本、总体空间规划、合理气流组织、系统融合构建等方面考虑机房环境建设的节能途径与节能措施。

机房环境建设作为一项工程，其建设需要投资，运营也需要费用。机房环境建设工程的总体拥有成本包含从建设期到运营期的总体成本，包括：设施建设成本、设备系统成本、软件系统成本、维修维护成本、日常运营成本、人力资源成本等。而在现行网络中心日常运营成本（主要是能耗成本）占总体成本的比例呈逐年上升趋势的情况下，数据中心的总体设计更需要关注工程前期设计的合理性和适用性，充分地考虑如何在建设期和运营期降低机房环境的日常运营成本——能耗成本，即降低网络中心的总体拥有成本，以提高机房环境的整体经济效用比。

机房环境可以是一幢建筑物或者建筑物的一部分，包括主机房、支持区和辅助房间等功能区。机房环境合理的总体规划、空间与平面布局是依据建设需求进行总体设计的第一步，也是重要的一步。总体规划确定数据网络的等级规模和系统构成，空间与平面布局确定机房的场地分隔、工作流程以及建设工艺。现行网络采用机房密闭护围、大空间、少隔断、适宜的空间容积（架高、净高、层高）、人机区域分离、区域集中监控等，都是新一代网络空间与平面布局所崇尚的设计理念与节能策略。

机房环境平面布局中，主机房内各关键设备区域用房应集中布置，其他支持区和辅助房间室内温、湿度要求相近的房间，宜相邻布置。在IT关键设备区域布置中，应根据IT关键设备种类、系统成组特性、设备的发热量、机柜设备布置密度、设备与机柜冷却方式等，合理地考虑机房区域、机柜列组、机柜内部这三个层面的精密空调设备制冷的气流组织。

由总体规划、空间与平面布局的建设设计，到动力配电、暖通空调关键系统的设计，再到其他配套系统的设计，需要考虑系统与系统间的融合构建（适当的系统集成），这样能够提高机房环境建设的整体性能和综合效能。

7.1 机房物理环境

7.1.1 机房环境设计

① 温、湿度要求见表 7-1。

表 7-1　　　　　　　　　　　　温、湿度要求表

房 间 名 称	机房设备要求温、湿度范围		
	温度（℃）		相对湿度（％）
	夏季	冬季	
综合机房	18～28	18～28	40～70
监控中心	15～30	15～30	40～70
电源室	15～30	15～30	40～70
其他功能房间	15～30	15～30	40～70

② 尘埃：机房在静态条件下，粒度≥0.5μm，个数≤18000 粒/dm^3。

③ 噪声：在计算机系统停机情况下，机房中心位置<65dB。

④ 机房内绝缘体的静电电位<1kV。

⑤ 照度：机房>300lx，眩光限制等级为Ⅰ级；应急照明>30lx。

⑥ 接地：接地电阻<1Ω；零地电位差<1V。

⑦ 机房内无线电干扰场强，在频率为 0.15～1000MHz 时，不应大于 126dB。

⑧ 机房内磁场干扰环境场强不应大于 800A/m。

⑨ 在计算机系统停机条件下，主机房地板表面垂直及水平方向的振动加速度值不应大于 500mm/s^2。

7.1.2 机房平面布局设计

在进行机房平面布局时要充分考虑原场地条件、通信工艺要求及内部工作人员的使用方便。平面布局力求功能分区明确，布局紧凑合理，使用方便，并考虑将来设备扩容的需求。

根据使用单位的需求和相关的专业设计要求，机房可分为网络机房、监控中心和电源室等。

备注：网络机房面积取值的计算方法：$A = K\sum S$；A——电子信息系统综合机房

使用面积（m²）；K——系数，取值为 5～7；S——计算机系统及辅助设备的投影面积（m²）。监控中心面积取值按人均 3.5m²。另外考虑到为今后的发展预留扩容空间，机房的整体面积可在计算基础上视情况增加 20%左右。

7.1.3　空调设计方案

网络通信机房是由许多电子及机电设备组成的。这些设备中，使用了大量的集成电路和电子元件，对使用环境条件有各自特定的要求，否则会影响使用寿命和可靠性。同时，也应兼顾人体的舒适要求。所以，机房空调的目的是保证一定要求的温度、湿度、洁净度等环境条件。

机房空调不同于舒适性空调和常规恒温恒湿空调，主要有以下特点。

① 热负荷强度高，设备散热量大，散湿量小。电子计算机在运行过程中，机柜的散热量大且集中。热负荷强度在中小型机房一般为（250～400）W/m²；大型机房的热负荷强度会超过 400W/m²。

机房的散湿量较小，主要来自工作人员和渗入的室外空气，总散湿量为 8～16g/m²。

② 显热比高。机房的热量，主要来自设备运行，显热约占总热量的 95%，故显热比（SHR）通常高达 0.85～0.95，甚至更高（舒适性空调系统的显热比约在 0.6～0.7 之间），空气处理过程接近于等湿冷却的干式降温过程。

③ 空调送风的焓差小、风量大。由于显热量大，热湿比近似无穷大，送风相对湿度较小，故送风焓差小，风量大。

机房空调的换气次数，每小时 20～40 次。

④ 温度要求稳定。计算机机房不仅要求温度的波动幅度不得超过规定的范围，而且对温度变化的梯度有明确的要求，一般小于 500℃/h，这是由计算机内电子器件的物理特性决定的，否则将直接影响到计算机的正常运行。

⑤ 气流组织特殊。大中型路由器、交换机及服务器等设备散热量大而集中，故不仅要在机房安装空调，还需对机柜进行送风冷却。要求冷风从机柜的底部进入，吸热后的空气从顶部排出。通常冷空气通过架空的活动地板上的风口进入计算机机柜或程控机机架，使自下而上的冷空气迅速有效地冷却设备。

⑥ 空气洁净度高。计算机机房应保持一种洁净的空气环境，以有利于设备的安全运行和延长设备的使用寿命。

⑦ 全年供冷运行。由于机房的热负荷强度高，当围护结构传递的冷量明显低于机房内的发热量时，机房在冬季仍然需要空调系统进行供冷运行，这一现象在大型机房比较多见。

⑧ 可靠性高。大型网络设备和服务器设备一般每天连续运行 24 小时，每年连续运行 365 天，因此要求计算机系统具有很高的可靠性，而且也要求其他辅助设备

（如空调系统等）的可靠性达到相应的水平。

7.1.4 消防设计方案

为保护昂贵的电子设备和数据资源，国家规范规定一定规模的机房必须采用报警及气体灭火系统。随着社会进步，电子设备日益普及，各种灭火剂竞相被推出。由于机房环境较好，对报警系统无太多特殊要求，目前的各类报警系统都基本适用。由于网络设备本身及有关的其他设备对消防的特殊要求，必须为这些重要设备设计好消防系统，这是关系设备正常运作及保护好设备的关健所在；机房灭火系统禁止采用水、泡沫及粉末灭火剂，适宜采用气体灭火系统；机房消防系统应该是相对独立的系统，但必须与消防中心联动。一般大中型计算机机房为了确保安全并正确地掌握异常状态，一旦出现火灾能够准确、迅速地报警和灭火，需要装置自动消防灭火系统。

传统的水、泡沫、干粉和烟雾系统都是不适用于机房灭火的。用于机房的，应该是一种在常温下能迅速蒸发，不留下蒸发残余物，并且非导电、无腐蚀的气体灭火剂。气体灭火系统是将某些具有灭火能力的气态化合物，常温下贮存于常温高压或低温低压容器中，在火灾发生时通过自动或手动控制设备施放到火灾发生区域，从而达到灭火目的。它具有干净、无污渍及灭火迅速等优点，广泛应用于档案室、电子设备室及重要库房等。气体灭火剂种类较多，但目前得以广泛应用的仅有卤代烷（1211、1301）、二氧化碳以及近几年从国外引进的 FM200 等。

1. 气体灭火系统设计流程

① 根据有关设计规范确定需设置气体灭火系统的房间，选定气体灭火剂类型。

② 划分防护区及保护空间，选定系统形式，确认储瓶间位置。

③ 根据相关设计规范计算防护区的灭火剂设计用量，确定灭火剂储瓶的数量。

④ 确定储瓶间内的瓶组布局，校核储瓶间大小是否合适。

⑤ 计算防护区灭火剂输送主管路的平均流量，初定主管路的管径及喷头数量。

⑥ 根据防护区实际间隔情况均匀布置喷头及管路走向，尽量设置为均衡系统，初定各管段管径。

⑦ 根据设计规范上的管网计算方法，校核并修正管网布置及各管段管径直至满足规范要求，确定各喷头的规格。

⑧ 根据设计方案统计系统设备材料。对设计方案综合评估，必要时进行优化调整。

2. 排烟系统

火灾发生时产生的烟雾主要是以一氧化碳为主，这种气体具有强烈的窒息作用，对人员的生命构成极大的威胁，其人员的死亡率可达到 50%～70%，换言之，火灾时一氧化碳是人员伤亡的主要祸首。另外，火灾发生所产生的烟雾对人的视线的遮挡，使人们在疏散时无法辨别方向。尤其是高层建筑因其自身的烟囱效应，使烟雾的上升速度非常快，如果不及时迅速地排除，那么，它会很快地垂直扩散到楼内的各处，危害性是显而易见的。因此，火灾发生后应该立即使防排烟系统工作，把烟雾以最快的速度迅速排出。机房是相对密闭的环境，当发生气体喷射后，气体灭火剂不容易排除，安装排烟系统可帮助排除残留气体灭火剂。

① 气体消防系统繁琐，需要不断调整计算，各个计算数据都是息息相关的，改变一个数据，就需要重新校核计算结果。所以，在施工现场，应要求施工单位严格按设计图纸中的管道位置施工，当与其他管道发生冲突时，应遵循其他管道让气体管道的原则。

② 充装率是计算的灵魂数据，当采用选择组合分配系统保护灭火时，若系统中灭火剂设计用量最大的防护区与其他防护区的体积相差较多时，在按最大防护区的用量计算选择好气瓶的充装率后，应校核其他防护区的实际灭火浓度，若灭火浓度超过12%，不仅对人员的身体健康有害，而且防护区的维护结构易被破坏。所以，当校核其他防护区的灭火浓度超过12%时，应增加气瓶数量，降低气体的充装率。

3. 消防报警和自动控制

火灾自动报警系统是现代机房必不可少的组成部分，对火灾采用多种方式进行探测、报警。智能感烟探测器：它可通过连续上升的烟雾浓度确认火警的真实性，从而做到准确报警；智能感温探测器：当到达一定温度时，此探测器即会发出报警；为保证系统中的探测器随时能正常工作，系统对各类探测器随时进行监测，一旦出现异常，将发出报警，提醒工作人员进行检修、保养。

机房内设置感烟探测器、感温探测器、手动报警按钮等，在机房门口设置气体灭火紧急启停控制盘、放气指示灯以及声光报警装置。在公共区设感烟探测器，并在机房及公共区设置消防广播。作为大楼的一部分，所有机房区的消防报警、控制线路均接入大楼报警系统。

自动灭火系统由一台高可靠性的智能型气体灭火控制主机组成，主机集报警与气体灭火控制于一体。各类探测器安装在现场，系统能对所属设备进行自动检查和定期自诊断；系统接口及通信协议易于与其他系统相连；监测系统具有自动巡检功能，周期小于1s；当故障或火灾发生时，中央监控系统有声光报警信号，使值班人员迅速明确故障或火灾发生的位置；打印机自动记录每次报警时间、位置及系统内所有设备状态的变化和值班人员发出的指令。在每个机房灭火区的入口、通道等有人通过的地方设紧急启动按钮，这样可以通过手动将启动信号及时地传送到控制主机，将火灾消灭在初期状态，确保人员生命财产的安全。

7.1.5　电气设计方案

1．电气设计范围

机房工程电气设计范围包括：机房区照明、应急照明、插座、空调配电、机房防雷接地等设计。

2．机房电源

机房的空调、照明等动力系统应为"市电+备用柴油发电机"的供电方式，备用柴油发电机应单独设置油机房。本书重点对机房设备供电电源进行阐述，详见 7.2 节。

3．电照设计

机房照明设计标准主要指标为照度。光通量投射到物体表面时，即可把物体表面照亮，照度 E 就是光通量的表面密度，即射到物体表面的光通量 Φ 与该物体表面面积 S 的比值，$E=\Phi/S$（其中照度的单位为 lx）。

在考虑机房的照明时，还需同时将照明的均匀度、照明的稳定性、光源的显色性、眩光和阴影等要求考虑进来，这些因素也将对操作人员和维护人员产生不可低估的影响。

由于中心机房里各功能区的分工不同，对照明中的照度要求也不相同，机房区的平均照度要求：距地 1400mm 的直立工作面照度大于 500lx。

灯具选择：机房对照明的要求是，照度满足机房工艺要求，光线明亮且柔和，布局合理且操作方便。机房内采用荧光灯，配置三基色荧光灯具。

应急照明：应急照明可保证人员进行应急处理，或安全快速地向应急出口疏散。在机房出口设置出口标志指示灯，机房内设置方向指示灯。出口标志指示灯和方向指示灯、应急照明灯均为自带蓄电池型，持续放电时间大于 60min。

4．空调配电设计

空调配电采用专用配电柜供电，空调配电柜落地安装，电源引自通信电源专业的总配电柜。空调配电柜开关带分离脱扣装置，与火灾自动报警系统联动，当发生火灾时，自动切断相应区域的空调电源。

7.2　通信电源系统

7.2.1　供配电系统设计依据与概况

机房设备供配电系统是设备正常运行的前提和保证。GB50174-2008《电子计算机机房设计规范》将设备供电方式分为三类。

一类供电：需建立不间断供电系统。

二类供电：需建立带备用的供电系统。

三类供电：按一般用户供电考虑。

对电压变动、频率变化、波形失真率分级如表 7-2 所示。

表 7-2　　　　供配电系统对电压波动、频率波动、波形失真率分级

项目 \ 级别	A 级	B 级	C 级
电压波动范围	±5%	±7%	−15%～+10%
频率波动范围	≤±0.2 Hz	≤±0.5 Hz	≤±1 Hz
波形失真率	3%～5%	5%～8%	8%～10%

一般网络通信设备供电选用 A 级标准。为达到 A 级标准，需有相应的 UPS 设备或开关电源设备来保障。

7.2.2　负荷等级和额定容量

依据设备的用途和性质以及负荷分级的规定，采取相应的供电技术：对于一级负荷采用一类供电，重要机房供电属于一级负荷，按一级负荷的供电要求，必须保证两个以上独立的电源点供电，采用两条专用干线引进，两路独立电源在末端互投，建立不停电系统，而且要保证供电的质量；对于二级负荷采用二类供电，建立带备用的供电系统；对于三级负荷采用三类供电，按一般用户供电考虑。

机房用电系统要求提供的电源额定容量一般以两种方式给出：

确定机房用电系统的总功率大小或机房用电系统的总电流，这是选取电力设备、总断路器、供电电缆、机房的总发热量以及精密空调时都必须考虑的问题。通常供电总功率应留有不少于 25%的余量。

确定各机柜、分机、设备等所要求的工作电流，这是设计计算机机房的配电柜、选取合适的传输导线和分路开关必须要考虑的。针对电气设备额定电流，在设计总断路器和分路开关时要注意电气设备的启动电流值。在进行方案设计时，有些经验数据可供估算时参考，如：

UPS 功率：主机房可按（350～400）W /m^2 计算；照明用电可按（15～20）W/m^2 计算。

空调机电功率要根据机房制冷量考虑。主机房制冷量按 400W/m^2 计算，辅助机房制冷量按 300W/m^2 计算，然后再根据电气设备不同的效率和换算系数，确定空调系统用电负荷量。

7.2.3 设备供电系统分类

1. 交流电源系统

通常采用 UPS 交流不间断电源作为交流电源供电设备，由于脉宽调频技术的采用、高效功率器件的成熟、微处理器的发展等因素，不间断电源已经成为计算机机房供电的主要手段。不间断电源最大的特点在于不间断性，而且能最大限度地提供稳定电压，隔离外电网的干扰。外电网一旦停电，UPS 能在设备所允许的极短时间内（微秒到毫秒级）自动将备用能源经逆变器变换成电压、频率和相位都与原供电电源相同的电能，继续向计算机供电。或者平时由逆变器供电，只在逆变器发生故障时，由静态电子开关自动瞬时切换到外电网供电或切换到另一台与之并联的 UPS 上，实现不间断供电。UPS 提供的电源具有较高的电压和频率稳定性，波形失真也较小，抗干扰更优于外电网，是计算机系统最理想的供电方式。几乎所有重要的计算机设备都采用 UPS 供电，如图 7-1 所示。机房的服务器等计算机设备通常采用交流供电。

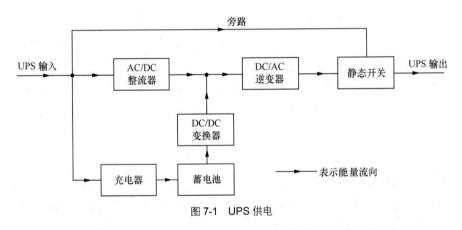

图 7-1　UPS 供电

2. 直流电源系统

目前，应用最广泛的提供直流电的设备是开关电源。高频开关电源与相控整流器相比较，具有效率高、可靠性高、精度高、具有智能化管理功能、体积小、重量轻和更换扩容方便等优点。

开关电源的分类：按开关电源容量大小分为大、中、小系统；按开关电源系统组成分为三柜、两柜、独立架系统，其中三柜系统由交流配电柜、直流配电柜和整流架组成，两柜系统的交流和直流配电集成在一个柜子中，独立架系统即交流、直流、整流三者集成于一个柜子中。现在大家所接触到的开关电源一般为独立架系统。独立架开关电源系统的组成：交流配电单元、整流单元（高频整流模块）、直流配电单元、监控模块。

开关电源系统组成如下。

交流配电单元：一般由交流开关、交流供电线路、交流防雷器件等组成。作用是引入一路或两路三相交流电或单相交流电（接入网点的基本上是使用单相电，模块局有的采用三相电，有的采用单相电）。经交流输入空开（过流、短路保护）、交流侧防雷器（抑制雷击冲击电压或浪涌过电压），分配给整流模块。

整流模块：进行 AC/DC 变换，输出稳定的直流电。

直流配电单元：一般由正负铜排、保险（熔断器）、直流空开、保护地、工作地、直流防雷组成，作用是向负载供电及电池充放电。

监控模块：一般由电源板、信号采样电路板、（信号）控制电路板、CPU 板、通信板、显示板、信号指示灯等组成。

将工频交流电压滤波后整流升压变为直流高压，再以一定的开关频率调制成特定的高频交流，然后整流滤波为所需直流电压（通过控制器调整占空比使输出电压保持稳定，如图 7-2 所示）。机房的交换机等通信设备通常采用直流供电。

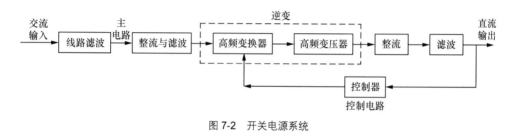

图 7-2　开关电源系统

7.2.4　通信电源集中监控系统建设方案

1. 通信电源集中监控系统结构

为了提高运行维护水平，尽早发现事故隐患，提高事故处理能力，需对通信电源系统进行集中监控、统一管理，为此需要建立一套通信电源集中监控系统。

通信电源集中监控系统是对监控范围内分布的各个独立监控对象进行遥测、遥信，实时监视系统和设备的运行状态，记录和处理相关数据，及时侦测故障，并进行必要的遥控操作，适时通知人员处理；按照上级监控系统或网管中心的要求提供相应的数据和报表，从而实现通信站点的少人或无人值守，以及电源、空调的集中监控维护管理，提高供电系统的可靠性和通信设备的安全性。

数据采集是监控系统最基本的功能要求，必须及时和准确；对设备的控制是为实现维护要求而立即改变系统运行状态的有效手段，必须安全、可靠。

运行和维护是基于数据采集和设备控制之上的系统核心功能，完成日常的告警处理、控制操作和规定的数据记录等，如图 7-3 所示。

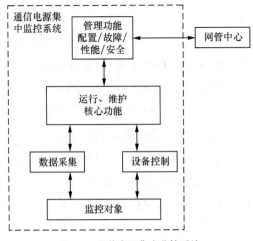

图 7-3 通信电源集中监控系统

通信电源集中监控系统应实现以下四组管理功能。

（1）配置管理

配置管理提供收集、鉴别、控制来自下层数据和将数据提供给上级的一组功能。

（2）故障管理

故障管理提供对监控对象运行情况异常进行检测、报告和校正的一组功能。

（3）性能管理

性能管理提供对监控对象的状态以及网络的有效性评估和报告的一组功能。

（4）安全管理

安全管理提供保证运行中的监控系统安全的一组功能。

2．通信电源集中监控系统设计方案

通信电源集中监控系统采用逐级汇接的组网结构，一般由监控单元、监控中心、区域监控中心三级结构组成。

监控模块面向具体的监控对象，完成必要的数据采集和控制功能。监控单元主要完成所辖区内监控模块的管理功能，同时监控通信电源设备。区域监控中心按照满足通信电源集中监控的需要，完成所辖区内监控模块的管理功能。监控中心是为了集中监控、集中维护、集中管理而设置，归属网管的一个组成部分。通信电源集中监控系统由计算机网络系统业务内网提供 IP 传输通道。

3．通信电源集中监控系统配置

（1）监控中心 SC 组成

监控中心 SC 是动力及环境集中监控系统的管理中心，主要完成全网监控信息的统计处理及分析。监控中心 SC 由数据库服务器、监控业务台、打印机及相关附属设备组成，监控中心网络运行 TCP/IP 协议。

（2）监控站 SS 组成

监控站 SS 的设备配置组成类似于 SC，但是监控站 SS 相对于监控中心 SC 的重点功能是设备监控和维护。一般情况下，除了与监控中心 SC 的配置相同之外，监控站 SS 配置监控站监控主机，对其所监控的监控单元 SU 数据进行采集和处理。

（3）监控单元 SU 组成

监控单元 SU 主要由智能设备处理器和一体化采集器等设备组成，具有监控各通信站点全部通信电源设备、专用空调设备及机房环境条件等功能。

（4）监控对象及内容

① 低压配电设备。

交流配电屏或箱

遥测：输入电压，输入电流，功率因数。

遥信：开关状态。

遥控：开关分合闸。

② 交流不间断电源（UPS）。

A．UPS 电源设备。

遥测：交流输入电压，直流输入电压，输出电压，输出电流，输出频率。

遥信：同步/不同步状态，UPS/旁路供电，蓄电池放电电压低，市电故障，整流器故障，逆变器故障，旁路故障。

B．配套蓄电池组。

遥测：标示蓄电池电压（每 8～10 块电池选 1 块标识电池），标示蓄电池温度（每组电池选 2 点）。

③ 整流、逆变电源设备。

A．整流器。

遥测：整流器输出电压，每个整流模块输出电流。

遥信：每个整流模块工作状态（开/关机，均充/浮充/测试，限流/不限流），故障/正常。

遥控：开/关机，均充/浮充，测试。

B．直流配电屏（或直流配电单元）。

遥测：直流输出电压，总负载电流，主要分路电流，蓄电池充、放电电流。

遥信：直流输出电压过压/欠压，蓄电池熔丝状态，主要分路熔丝/开关故障。

C．48V 蓄电池组。

遥测：标识电池电压（每组 1 块）/每块蓄电池电压（对于无人职守且距维护值班处较远的局所可选用）。

④ 通信机房专用空调设备。

遥测：空调主机工作电压，工作电流，送风温度，回风温度，送风湿度，回风湿度，压缩机吸气压力，压缩机排气压力。

遥信：开/关机，电压、电流过高/低，回风温度过高/低，回风湿度过高/低，过滤器正常/堵塞，风机正常/故障，压缩机正常/故障。

遥控：空调开/关机。

⑤ 通信技术用房环境信息。

遥测：温度，湿度。

遥信：水浸。

4．信号采集方式

（1）智能设备

通信电源监控智能设备具有通信接口、软件及通信协议。通信电源集中监控系统通过软件驱动方式进行接入，通过接口与智能设备通信，实现监测和控制。

（2）非智能设备

主要采用一体化采集器及相关配套传感器设备完成。

（3）机房环境

采用机房专用传感器完成信号转换之后，由采集器完成数据采集。

7.2.5 防雷和接地

接地极的电阻 R：当系统采用联合接地时，R≤1Ω（北京地区可按 0.5Ω 考虑）；采用单独接地时，R≤4Ω。在总配电室要做总等电位连接，各楼层的智能化系统设备机房、楼层弱电间、楼层配电间的接地，采用局部等电位连接。贯穿弱电竖井的接地干线，应当是镀锌扁钢，截面尺寸不小于 40mm×4mm；如果竖井内放置有源 HUB 机柜，则弱电竖井的尺寸应适当加大，并配 AC（220V，50Hz）电源。

机房的重要设备和配电柜（箱），必须按 GB50057−2010《建筑物防雷设计规范》6.4 的规定，设计防雷击电磁脉冲的措施，并安装 SPD 电涌保护器，做好等电位连接。

7.3 综合布线

结构化综合布线系统是一种具有全新概念的楼宇布线系统，以服务于建筑物与建筑群中所有的通信和计算机设备现在和将来的配线要求和目标而发展的一种整体式开放配线系统；采用模块化设计、分层星型拓扑结构以及高品质的标准材料和组合式压接方式，能适应任何大楼或建筑物的布线系统。

结构化综合布线系统作为办公楼自动化工程的基础设施，它的建设将为各级管理机构办公楼计算机网络系统、通信系统的数据、语音的传输提供物理平台，为用户内部之间以及内部与外界的交流和通信提供手段。通过统一规划建设一套实用灵活、管理方便、满足未来使用要求的数据及语音传输的基础设施平台。

当综合布线系统对电磁兼容性有较高的要求（防电磁干扰和防信息泄露）时，需要采用屏蔽布线系统。屏蔽布线系统采用的电缆、连接器件、跳线、设备电缆都应是屏蔽的，并应保持屏蔽层的连续性。综合布线缆线与信号线、电力线、接地线的间距应符合保密规定，信号线采取独立的金属管或金属线槽敷设。

结构化布线系统应采用星型的物理结构。垂直干线的星型结构中心在中间层通信主机房内，辐射向各个楼层，传输介质使用大对数屏蔽双绞线铜缆和多模光缆。水平子系统部分的星型中心设在每层的管理间内，由配线架引出水平双绞线到各个信息点。

（1）工作区子系统

工作区布线子系统由终端设备连接到信息插座的连线（或软线）组成，它包括装配软线、适配器和连接所需的扩展软线，并在终端设备和 I/O 之间搭桥。随着计算机网络的发展，语音和数据信息插座全部采用 6 类模块化信息插座，提高系统的互换性。

（2）水平子系统

水平子系统解决布线系统的水平连接问题，它将干线子系统延伸到工作区。可使用六类水平电缆或光纤到桌面。

使用双绞线时，双绞线的传输带宽为不少于 250MHz，水平信息点长度应不超过 100m。

（3）管理子系统

建议在每层设配线间，弱电竖井设置在配线间内。管理间内安装标准型机柜，所有信息点均通过一定的编码规则和颜色规则，以方便用户的使用和管理方便。

（4）垂直子系统

垂直子系统拓扑结构为星型拓扑结构，这是因为星型拓扑结构有以下优点。

① 便于管理。星型拓扑结构的所有通信都要经过中心节点来支配，所以维护管理比较方便。

② 便于重新配置。用户可以在楼层配线架上任意增加、删除或移动、互换某个或某些信息插座，而且改动仅仅涉及它们所连接的终端设备。

③ 便于故障隔离与检测。由于各信息点都连接到楼层配线架，相互之间保持相当大的独立性，因此可以方便地检测故障点并清除。

④ 便于系统的分段、级联与扩充。

数据垂直主干线可采用多模光缆，将子配线管理区（IDF）与主配线管理区

（MDF）用星型结构联接起来，作为信息传递的主干道。垂直干线子系统将设置在楼内的弱电竖井中。

多模光纤的优点有：光耦合率高，纤芯对准要求相对较宽松。当计算机数据传输距离超过 100m 时，用光纤作为主干线将是最佳选择。其传输距离可达到 2km，并具有大对数电缆无法比拟的高带宽和高保密性、抗干扰性。

（5）设备间子系统

综合布线系统总配线架设置在设备间，主要用于汇接各个 IDF，并放置网络设备、IDF 接入设备。

机房内建议安装标准型机柜，所有信息点均通过一定的编码规则和颜色规则，以方便用户的使用和管理。

第8章
专网建设系统测试与集成

8.1 系统测试方案

系统测试是信息系统开发建设质量的重要保障措施之一，系统测试结果是信息系统进行监理的重要依据之一。系统测试主要包括对应用系统、支撑平台、数据存储与管理系统、计算机网络系统、通信系统、系统运行实体环境的测试。测试主要分为三部分：验收测试、阶段测试、开发（建议）测试。

1. 验收测试

验收测试的主要任务：按照项目设计要求对项目成果进行验收测试，为业主提供项目是否达到设计要求的测试报告，主要在各个工程进入验收阶段时进行。

测试承担者：第三方。

测试对象：应用系统、支撑平台、数据存储与管理系统、计算机网络系统、通信系统、系统运行实体环境等工程（或单项工程）。

测试内容主要包括：可靠性测试、兼容性测试、（性能）负载压力测试、安全性测试、易用性测试、健壮性测试、功能测试等。

2. 阶段测试

阶段测试的主要任务：按照项目设计要求在项目进展的各个重要阶段进行测试，为最终验收测试进行阶段把关，确定项目是否达到设计阶段要求，主要包括对各个工程的集成测试、确认测试、系统测试等。

测试承担者：第三方。

测试对象：应用系统、支撑平台、数据存储与管理系统、计算机网络系统、通信系统、系统运行实体环境等工程（或单项工程）。

测试内容主要包括：可靠性测试、兼容性测试、（性能）负载压力测试、安全性测试、易用性测试、健壮性测试、功能测试等。

3. 开发（建设）测试

主要任务：根据项目设计要求测试开发（建设）过程中工作内容是否满足设计要求，主要是单元测试。

测试承担者：开发（建设）者。

测试对象：应用系统、支撑平台、数据存储与管理系统、计算机网络系统、通信系统、系统运行实体环境等工程（或单项工程）。

测试内容：对于以硬件为主的项目和以软件为主的项目，其测试要求单元相差较大，将按照各自的技术要求和质量保障体系要求进行。硬件（网络）测试主要是：主机测试、输入输出测试、网络设备测试、网络系统测试等；软件测试主要包括：数据及数据库测试、文档测试、程序编码测试等。

单元测试技术主要包括：白盒测试、黑盒测试、灰盒测试。

测试工具和方法将取决于测试阶段和测试对象。

8.2　系统集成目标与任务

系统集成目标：在整个开发建设过程中，按照标准规范，统筹规划系统建设过程中的各种资源，配合施工设计和开发设计，有效地实现通信系统、计算机网络系统、计算机系统、数据存储与管理系统、应用支撑平台、应用系统之间的协调一致，使整个系统集成为有机的整体，达到系统的设计目标；在分阶段施工过程中，涉及系统中的各个方面能够在各个阶段保持协调一致，有效地实现系统的阶段目标。

从工程建设整体分析，系统集成的任务主要包括：①通信系统集成；②计算机网络系统集成；③计算机系统集成；④数据存储与管理系统集成；⑤应用支撑平台集成；⑥应用系统集成。

8.3　系统集成策略与指导思想

① 资源共享的原则。系统集成本着硬件、系统软件、产品软件、应用软件模块、数据资源的充分共享的原则，节省工程投资，提高系统性能。

② 区别对待的原则。基础设施与应用系统等各个分项工程特点和技术特点存在很大差异，应采用不同的集成方案。

③ 松耦合集成原则。松耦合程序结构具有易维护、易测试、易扩展、适应变化需求等优点，是系统进行集成所遵循的重要原则，这一原则对于应用系统集成尤为重要。

④ 阶段集成原则。系统集成需要具有分段进行的方案，从而保障最大限度地发挥工程作用。

　　⑤ 分层集成原则。表现层、业务层、数据层多层软件体系结构的采用，系统集成将遵循这一架构体系分层进行集成，主要包括：界面集成、业务集成、数据集成。

　　⑥ 技术导向集成思想。合适的系统架构和集成技术方案，将有效地提高系统性能，软件技术导向是整个系统集成实现有效协调的基础，系统各部分的集成将根据各自技术特点采用不同的集成技术方案。

　　⑦ 应用导向集成思想。对于一个庞大的系统来讲，在确定合适的集成技术方案的同时，业务导向是实现系统开发建设目标的保障。

8.4　系统集成内容

　　（1）通信系统集成

　　通信系统集成主要包括通信系统设计建设过程中的自身系统集成以及与设备间（实体环境）的集成，并将考虑与网络系统的接口设计。

　　（2）网络系统集成

　　网络系统集成主要包括：网络系统与通信系统的集成、网络系统设计建设过程中的自身系统集成、网络系统与设备间（实体环境）的集成，并将考虑网络系统与系统以及与应用系统的接口。

　　（3）计算机系统集成

　　计算机系统的集成主要是指在系统运行中起到关键作用的服务器及存储设备的集成，主要包括：各网络系统间集成，计算机系统在各网络节点的部署，以及计算系统的配置与应用需求的匹配。同时，计算机系统中，与关键设备相配套的还有相应的系统软件，这些系统软件包括：计算机操作系统（如 Windows 操作系统、UNIX 操作系统等）、数据库软件（如 Oralce、Sybase 等），以及 GIS 商业产品软件等。

　　（4）数据存储与管理系统集成

　　数据存储与管理系统集成包括：磁盘阵列和 SAN 存储网络交换机集成、数据库服务器和应用服务器集成、备份系统集成、数据库系统集成、数据迁移与数据集成等。同时，数据存储与管理系统集成要保持与每个应用系统及应用支撑平台相适应，尤其是数据库系统与支撑平台的数据服务集成对于整个系统的集成来说尤为重要。

　　（5）应用支撑平台集成

　　系统部署包括硬件服务器以及相应的中间件产品软件的部署，对于开发运行环境的中间件产品软件集成部署包括运行平台的集成部署和开发环境的集成部署，系统运行后的管理和维护也将通过开发环境进行。

　　（6）应用系统集成

　　应用系统集成实现系统开发建设的目的所在，需要与应用支撑平台进行集成部署。

第9章
专网建设与运行管理

政企专网往往覆盖范围广阔，建设工期紧张，系统规模庞大，集成程度复杂，并且需要多级单位相互协作共同完成。如何对系统进行科学的建设与运行管理，是一个十分重要的问题。

为保证系统顺利有序的建设实施和良好运行，应严格遵循系统的建设原则，在保障系统建设及运行所需经费投入的同时，还应对系统管理从制度上和组织上予以落实，建立严密的系统建设组织管理体系和运行管理体系，对管理和运行人员进行必要的技术培训工作；严格遵守相关技术标准和规范，保证工程建设及运行的规范化和标准化；严格按照信息系统基本建设管理的有关规定，实施计划进度管理和工程控制，使系统能够按照预定的成本、进度、质量顺利完成，切实提高系统建设和运行管理水平。

9.1 建设管理

应按照"统一组织，分级负责"的原则，专门成立相应的工程建设领导小组和办公室，为其提供强有力的组织保障。

此外，还要建立一套既符合信息化建设规律，又能够适应网络建设特点的有效工程建设管理方法，制定并完善各种规章制度和管理办法，使建设管理达到科学化、规范化、制度化，努力实现确保工程质量、降低工程成本、缩短工程建设周期、提高投资效益的建设管理目标。

1. 建设管理组织机构

建议设信息化建设领导小组，其主要职责是：确定和调整建设目标；审定系统建设任务和计划；筹措建设资金；协调有关部门、有关专业间关系以及与外部的关系；解决有关设计和建设的重大决策问题。

成立信息中心作为项目领导小组的办事机构，负责系统建设管理与协调。同时，信息中心也是整个系统的技术支持中心。其主要职责是：组织系统总体设计、初步设计及验收工作；组织建设项目招投标、合同编制和管理、项目实施、技术管理、质量监督和验收工作；组织编制有关技术要求和各种规章制度；负责系统的总体运行管理工作；负责技术人员培训；负责年度计划编制与管理；执行领导小组的决议，完成领导小组布置的其他任务。

在各分支机构设立系统建设管理部门，负责各分支机构及其下属机构的系统建设管理工作，管理部门由各分支机构的领导和专业技术人员构成，他们既是系统的建设管理人员，又是运行管理人员，因此，这些技术人员在工程开始就要作为甲方代表介入并跟踪系统的建设管理工作，并为系统以后的日常运行维护管理打好基础。

聘任涵盖各类专业业务和信息技术等方面的专家组成专家组，把握技术发展方向，对工程的建设进行技术指导。

2．建设管理措施

（1）推行项目管理

在工程项目实施中，系统的开发建设必须适应市场经济需要，贯彻项目法人制、招投标制、建设监理制和合同管理制，使系统建设管理形成开放的模式。项目承担单位要履行项目法人职责，按照项目法人责任制中责、权、利相结合的要求，确保质量，按时完成建设任务；对符合条件的软件开发所需设备实行招投标制，节约资金，提高投资效益；对独立开发、合作开发或外包开发的工程项目，委托专业信息化咨询监理机构严格监理，保证工程建设进度和工程质量。

（2）严格管理质量

为保证系统的建设和安全可靠运行，要建立工程质量管理体系，制定切实可行的质量保障措施。质量管理体系以管理层次划分为基础，行业指导与监督、项目法人（建设单位）负责、监理单位控制、设计开发单位保证相结合，施工单位也要建立严格的质量保障体系，确保工程建设质量。强调质量保障措施，根据统一的系统技术规范标准，制定严谨的评审计划，对系统开发的每一个阶段进行严格的质量审查；制定详细的工作计划与人员组织表，以及严格的工作实施步骤，分阶段有条不紊地进行系统建设；系统建设的每个阶段都要设计完善的系统测试方案，对各种数据类型和功能进行详细的测试，保证系统建设的质量。

在加强项目实施过程中计划执行、财务管理、进度控制等方面的监督检查的同时，建立完善的质量管理制度和办法，严格实行质量一票否决制，落实质量责任制。

（3）严格管理工程变更

工程建设应严格按投资计划执行，但其中也难免会产生一些工程变更。对某些有可能引起造价较大变更的情况，应先进行概算，需要召开建设方、承建方和设计方三家参加的联席会议，从技术、经济等方面进行论证商定，达成一致意见并形成文字纪要备案，报信息化领导小组批准后实施，对于不必要的变更坚决不予通过。

加强对设计变更工程量及内容的审核监督。对于变更中的内容及工程量增减，由施工、预算人员进行认真核算，以保证变更内容的准确性。制定统一的设计变更管理办法，要求变更单编号连贯一致，提高变更单的内容质量，同时变更要准确及时。

（4）加强技术管理

技术保障和管理是系统建设能否顺利完成和是否具有先进水平的重要制约因素，要加强对外的技术交流与合作，加强信息标准化、设备、技术文档等方面的管理。

为实现信息资源的共享与充分开发，在工程建设的各个环节必须遵循标准体系中相应的技术标准，对设备的购置和使用加强管理，制定设备的配置计划，了解设备运行、使用、维护状况，充分发挥各种设备的作用。

对系统每个标段的建设都要提供齐全的建设、开发文档，以利于建设项目的运行、维护和以后对项目的完善、扩充。对工程建设过程中产生的各种技术文件（如建设招标文件、合同、制订的各种标准规范、规划报告、项目建议，可研报告、各种设计文档、验收报告、鉴定报告，形成的规章制度等），必须建立严格的技术档案，专人专门管理，并制订出相应的管理制度进行科学管理。这样就从技术文档方面保障了信息化工程的可持续建设，实现信息化项目的开放性、可扩充、可发展性。

3．进度控制

计划管理是确保系统建设按进度正常进行的极为关键的一个环节。在分阶段实施工程建设时，要编制年度计划，明确建设内容、实施单位和投资额度。经专家组审查，领导小组批准后，由计划部门根据投资落实情况向项目实施单位下达投资计划。建立由各分项目业主、承建单位、监理之间的工作例会制度，定期沟通协调各个标段的建设进度，对各阶段建设进度严格把关，对项目实施情况和计划执行情况进行检查、督促，定期发布建设简报，保证每一阶段按计划实施，确保计划的如期完成。

9.2　运行管理

要保证网络系统正常运行，配备必要的技术人员，安排相应的运行维护经费，按照要求购置必需的仪器仪表和交通工具，建立切实的运行维护管理制度，是非常必要的。特别是要建立信息系统工程有效的运行维护管理机制和稳定的技术支撑队伍，并建立相应的运行维护管理机构和技术支持中心，逐渐形成运行维护管理体系，提高系统运行和维护工作的主动性，保证系统能够长期发挥作用和获得效益。

1．运行管理组织机构

建议建立系统运行管理部门，协调各子系统和各级运行管理部门间的关系，按照统一和分级负责相结合的模式进行管理。

系统运行管理的专门机构，统一负责系统的运行管理和技术支持；在各分支机构设立由各使用专业系统的技术人员组成的运行管理部门，负责各管理处的系统运行管理工作。

由于整个系统涉及的技术面广，因此，从降低维护成本方面考虑，可采用自主管理与委托维护相结合的方式来进行系统的运行维护工作。

2．运行管理方式

可设立信息中心作为运行管理的专门机构和技术支撑单位。信息中心应设立通信监控中心、网管中心、数据存储中心以及应用开发管理中心等运行管理部门，并配备必要的技术人员，还要安排相应的运行维护经费，购置必需的仪器仪表和交通工具，建立完善的运行维护管理制度。

各专业应用系统由相应的业务部门负责运行管理，办公自动化系统和网站则可由行政办公室负责管理，各个部门共同承担系统的运行维护工作。

各分支机构不再设立专门的系统维护技术支持机构。工程建成完工后，通过招标确定代维合作伙伴，受委托的维护公司是责任单位，按维护合同的约束进行工作，公司专业技术人员负责系统的日常运行及维护工作，维护公司保障系统的安全运转。

3．运行维护经费

为保证系统运行维护的正常进行，需要设置专项维护资金，收费标准可按项目总投资的 5%～10%计算，运行维护经费可以依据有关规定从企业收益或政府拨款中按适当比例提取。

4．运行管理制度

（1）建立完善的运行管理制度

运行维护涉及面广，因此要建立可行的运行管理制度进行约束。

➢ 建立一套有关运行维护管理的规章制度，主要包括运行维护管理人员的任务、职责、权限，系统文档、硬件系统、软件系统的管理办法，数据库维护更新规则、管理人员管理培训考核办法和岗位责任制度等。

➢ 制定考核激励措施，对管理制度的实施发挥督促作用，提高运行维护管理人员的自身素质。

➢ 明确各单位运行管理部门在系统运行维护管理方面的地位、职责，各级机构间的相互关系，管理目的和原则，协作配合以及接口关系。

> ➤ 针对不同的系统，制定切实可行的运行管理与维护管理规定和办法，明确并设置专项维护资金。

为了完善运行管理制度，主要应制定《信息安全领导小组职责和工作制度》《网管中心运行管理制度》《数据中心运行管理制度》《安全事故处理程序规定》《涉外应用系统安全管理制度》《专用安全设备管理制度》《安全事故处罚规定》《系统信息安全保密等级划分及保护规则》《上网数据审批规定》《防病毒制度、措施和病毒侵害应急计划》等。

（2）规范化、制度化管理

深入学习，认真贯彻落实各项规章制度以及工程建设中形成的各项技术标准和规范，依法管理和维护各单位的合法权益，切实做到依法按规章制度管理，同时强化监督检查的工作力度，逐步建立规范化的管理运行模式。

9.3 人才培养和技术培训

为了适应网络系统建设及运行管理的要求，工程建设初期就要重视人才的引进和培养工作，根据系统建设管理的要求，确定人才需求，制定教育、人才培养和引进计划，确定培训对象、培训内容，培训措施等，建立一套合理的人才引进和培养体系，在系统建设成功的同时，建立一支合格的信息化人才队伍。

1. 加强管理队伍的建设

网络系统的建设与运行管理需要高素质的信息化人才，应建立有效的信息化教育培训体制和激励机制，不断促进整个网络建设和应用水平。在系统投运前，使全部业务及管理人员达到熟练应用相关信息系统的水平，在整个系统建设完成后可以及时投入正常运转。

同时，信息技术发展迅速，要根据需要积极引进高层次的信息技术人才，并将信息化工作技术骨干送出去深造，培养一批高水平的信息化管理干部和技术中坚，建立一支能够跟踪国内外先进水平，掌握信息系统应用开发技术，精通信息系统管理的复合型高素质信息化人才队伍，为信息化建设管理发展提供长期保障。

2. 技术培训

接受培训的管理人员要相对固定，各级管理人员的培训要分层次进行，并对系统维护人员与管理人员进行分类、分批培训，以满足不同的管理要求。人才的培养应该是长期的、有连续性和衔接性的，进一步提高管理人员和系统维护人员素质，推动系统运行管理的全面成熟。

（1）培训对象

培训对象主要为各级机构的专业技术人员。

技术人员可分为系统管理高级技术人员、专业应用系统管理技术人员、一般技术人员三种类型。其中，系统管理维护高级技术人员包括系统管理员、数据库管理员、网络管理员、软硬件系统维护人员，主要指各级机构的系统管理人员；专业应用系统管理技术人员是指专业系统的维护管理技术人员；一般技术人员包括数据采集人员、数据录入人员、数据处理人员、打印各类结果输出人员、技术档案管理人员、网上信息发布人员等系统外围辅助人员，以及业务处理系统涉及的部门人员等。

（2）培训方式与计划

技术培训的主要形式包括考察学习、专题技术培训、参与系统开发建设等，培训工作贯穿于整个系统建设过程中。按照一般技术人员、专业应用系统管理技术人员、系统管理高级技术人员这三个层次，根据不同的培训对象确定不同的学习内容，如表 9-1 所示。

表 9-1　　　　　　　　　　　　培训内容表

培 训 对 象	培 训 内 容	培 训 方 式	培 训 时 间
系统管理高级技术人员	系统管理，运行维护及开发	考察学习	系统建设全过程
		专业技术培训	
		全程参与整个系统建设	
专业应用系统管理技术人员	专业系统维护管理及开发	考察学习	系统建设全过程
		专业技术培训	
		全程参与整个系统建设	
一般技术人员	系统基本操作	专业技术培训	系统建设完成后

（3）培训内容

考察学习：进入 21 世纪，信息化全面展开，一些单位已经积累了宝贵的经验和教训，尤其是在后期运行维护方面很值得学习借鉴。为此，组织系统管理高级技术人员组成参观考察团，跟踪学习国内外相关系统建设。主要考察的机构为技术力量雄厚，在网络信息化建设方面已取得显著成绩或正在建设的政企部门。

专业技术培训：系统管理高级技术人员负责保证系统所有软硬件的正常运行与日常维护，监控系统运行状态，处理解决系统运行过程中出现的各类疑难问题，并基本具备在该系统的基础上进一步开发实用功能模块的能力，保证随着业务系统变化，系统功能可以得到不断扩展。系统管理高级技术人员是整个系统运行维护管理的核心，为此，从该系统建设前期开始，就要从各级机构中选派具备较强信息化理论基础和实践经验的技术人员根据工作安排及个人特点，各有侧重，参加相应的专题技术培训。培训内容包括：软件基础平台培训、硬件基础平台培训、网络管理培训等。

专业应用系统管理技术人员负责保证专业系统的日常维护，监控各系统运行状态，指导完成各专业数据的采集、分析和处理，而且对专业系统运行过程中出现的部分疑难问题具有独立解决的能力。专业应用系统管理技术人员是各专业系统运行和业务开展的技术骨干，为此，从各专业系统建设前期开始，就要从各级机构中选派具备一定计算机理论基础和相应业务管理经验的技术人员，参加相应的专题技术培训。

一般技术人员要分期集中进行管理知识和基本操作技能的培训。整个系统建成后，除专业应用系统和办公自动化操作培训外，还要对所有员工进行计算机基本技能培训，如 Microsoft Office（Word、Excel、PowerPoint 等）办公软件等全方位的实用培训。

第 10 章
案例分析

10.1 政府行政机构专网建设案例

本节以某省卫生计生部门主导的人口健康信息专网建设为例，以建设目标为依据，通过对现状及业务的需求分析预测网络节点间带宽需求，制定网络总体架构及传输专线的建设方式，然后分场景提供网络节点的设备配置方案及专网接入模式。

10.1.1 专网建设背景

2010 年，原卫生部依据《中共中央、国务院关于深化医药卫生体制改革的意见》编制了"十二五"卫生信息化建设工程规划，初步确定了我国卫生信息化建设路线图，简称"3521 工程"，即从 2011 年起，用 5 年时间，建设国家级、省级和地市级三级卫生信息平台，加强公共卫生、医疗服务、新农合、基本药物制度、综合管理 5 项业务应用，建设健康档案和电子病历 2 个基础数据库以及 1 个专用网络。

某省卫生和计划生育委员会为落实"十二五"规划中的专网建设，从 2010 年以来一直本着以业务发展推动网络覆盖的思路，进行省内卫生、计生系统的专网扩容和建设。目前，某省电信为其建设了卫生信息专网、计生专网，同时部署了新农合业务、1+5 远程医疗业务、2+17 远程医疗业务、114 预约挂号业务、全省公共卫生视频应急业务。根据该省卫生和计划生育委员会的信息化业务规划，计划 2015 年建设一个统一的人口健康信息专网，承载和运行卫生、计生行业各类核心业务，全省疾控中心业务和综合监督局业务系统，同时负责全省各级医疗机构、医疗管理机构、计生管理机构和人员的接入，实现"纵向到底，横向到边"的专用网络建设目标，达到 5 万多卫计机构和 32 万卫计从业人员的专网覆盖。

10.1.2 专网建设目标

通过建设统一的人口健康信息专网，使省内各级卫生和计生管理机构与医疗机构的网络通信更加安全、便捷、快速，完成省内卫生和计生行业各核心业务系统互联互通，最终实现省内省卫生和计生行业用户信息共享，如图 10-1 所示。

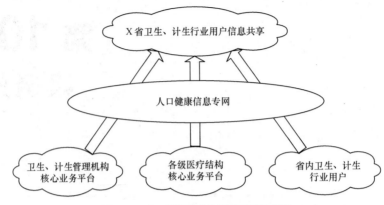

图 10-1 人口健康信息专网互联互通框图

同时，疾控、综合监督局等相关机构借助全省人口健康信息专网长途专线通道，逐步将全省数据业务的集中模式转变为省、市分布式模式；与已接入全省人口健康信息专网的医疗机构互联互通，实现信息化数据交换平台的数据采集与交互。

10.1.3 网络节点分类及业务需求分析

1. 机构分类

根据各机构职能，专网内各网络节点可以分为行政管理部门、公共卫生机构及各级医疗机构三大类，其中：

行政管理部门：省卫生计生委、市卫生计生委和县卫计局。

公共卫生机构：省疾控中心、市疾控中心、区县疾控中心、省卫生计生综合监督局、市卫生计生综合监督局/所和县卫生计生综合监督局。

医疗机构：三级医院（包括三甲医院和三乙医院）、二级医院（县医院）、社区服务中心、乡镇卫生院、社区卫生站、村医和计生村居。

2. 业务现状

目前卫生网、计生、疾控中心、卫生计生综合监督局主要负责管理卫生、计生、疾控相关行业信息及管理等系统，具体业务系统及功能见表 10-1、表 10-2、表 10-3。

表 10-1 卫生网业务系统及功能表

业务系统名称	业务功能
居民健康档案系统	实现全省居民健康信息的档案电子化管理
妇幼保健信息系统	实现全省妇女儿童保健等妇幼卫生相关业务
基层信息系统建设	实现基层医疗卫生机构的业务信息管理、业务协同及数据共享
全省卫生资源公众服务基础数据库	实现全省较为完整的医疗卫生信息资源公众服务功能

业务系统名称	业 务 功 能
远程医疗	M+N 远程医疗业务
办公系统	视频会议业务、基层培训业务、公文流转

表 10-2　　　　　　　　　　计生网业务系统及功能表

业务系统名称	业 务 功 能
人口计生服务管理信息系统	对全员人口信息进行收集、处理、存储、查询、分析，反馈和发布全员人口个案信息及相关人口计生工作信息
人口计生基础信息共享平台	用于整合人口计生、卫生、公安、民政、工商、劳动保障等多部门人口基础信息
人口计生服务管理系统村居在线服务平台	及时采集、变更和录入村居专干入户核查的育龄妇女婚姻、怀孕、生育、节育措施和流动人口等信息
人口计生便民办证系统	利用网络和全员人口数据库，实现全省人口计生行政审批和登记工作的在线办证
人口计生技术服务管理信息系统	加强计划生育服务体系建设管理，提高计划生育技术服务机构的管理服务水平和核心竞争能力
人口计生视频会议系统	通过全省人口计生 VPN 专网，建立视频会议信息系统，实现省、市、县三级多组多点网络视频会议的召开

表 10-3　　　　　　　　　　疾控、监督局业务系统及功能表

疾控业务系统名称	监督局业务系统名称
市级免疫规划信息管理系统	协同办公系统
疫苗电子监管码平台	流媒体卫生计生监督培训平台
全省疾控数据交换平台	卫生计生监督门户网站群
疾控视频会议系统	卫生计生监督业务系统省级平台

本期规划中，卫生计生监督局业务系统中的办公系统、流媒体培训平台及门户网站群主要通过内网或者互联网承载，不纳入本期规划建设人口健康信息专网的考虑中，仅将卫生计生监督业务系统省级平台迁移至专网云数据中心。

3. 业务分类

根据业务特点，可以分为视频类业务和普通数据业务两大类。

视频类业务：主要指两个或多个单位间通过网络接入，实现点对点或者点对多点的实时可视通信，同时也可以满足传统的语音通信。该类业务对承载网络的带宽及 QoS 要求比较高，需要支持多画面、多种接入方式的视频服务，并要求支持协同工作能力。目前卫生网在网运行的远程医疗系统、突发公共卫生事件应急救治视频系统、疾控视频会议系统属于该类业务。

普通数据业务：主要指卫生、计生相关各种公众信息收集、流程管理及日常 OA 等业务系统。该类业务，其网络节点采用省、市、县三级部署，信息采集及数据处理在本地完成，各系统通过闲时传递省市、市县间汇总信息及报表等，该类数据业

务对承载网层级间网络带宽需求不大。

4．业务模式分析

（1）视频类业务模式分析

根据业务分类，远程医疗业务、疾控视频会议业务、突发公共卫生事件应急救治视频业务属于视频类业务。一般的视频业务系统包括 MCU 多点控制器、视频终端、PC 桌面型终端、Gatekeeper（网闸）等几个部分。各种不同的终端都连入 MCU 进行集中交换，组成一个视频会议网络。MCU 是视频业务系统的核心部分，为用户提供群组视频通信、多组视频通信的连接服务。

本期方案中，远程医疗、疾控视频会议业务、突发公共卫生事件应急救治视频业务部署有 MCU 节点，三个视频业务都采用省市两级结构，各业务 MCU 部署位置见表10-4。

表 10-4 各业务 MCU 部署

业 务 名 称	省级 MCU 部署节点	市级 MCU 部署节点
远程医疗	省卫生计生委	省/市综合医院
疾控视频会议系统	省疾控中心	市疾控中心
突发公共卫生事件应急救治视频	省卫生计生委	市卫生计生委

上述视频类业务的 MCU 主要部署在省级节点和各级市节点。为避免大量占用市至区县骨干带宽，规划用户区县级视频业务接入时，建议采用新建电路直接接入市骨干节点的方式完成。其业务流量流向如图 10-2 所示。

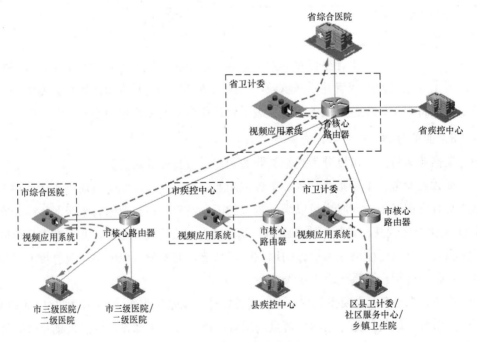

图 10-2　视频类业务流量流向图

从上述业务流量流向图可以看出，目前远程医疗业务、疾控视频会议业务、突发公共卫生事件应急救治视频业务等视频类业务系统主要部署在省卫生计生委及市卫生计生委/市疾控中心/省综合医院等。各地市、区县级医疗管理机构通过本地网络节点路由器接入专网，统一连接到部署在市卫生计生委/市疾控中心/市综合医院的 MCU 设备，通过 MCU 建立至省级医疗管理机构的视频连接。其中根据远程医疗业务的特殊性，部分远程医疗业务仅在市范围内医院间开通，无需占用省市间骨干电路资源。

（2）数据类业务模式分析

数据类业务主要指卫生、计生等公共服务领域相关的基础信息管理、公共流程服务及办公 OA 等业务系统。以居民健康档案系统为例，该系统服务器节点设置在省、市、区县各卫生计生委/局节点，各区县管辖范围内医疗管理机构将收集到的居民健康信息通过网络上传至区县卫计局系统服务器节点进行信息处理和存储。省、市级卫生计生委居民健康档案系统负责整体的数据调度和信息汇总，通常设置在晚上闲时将各区县存储的数据资料上传至省、市系统核心节点。其业务流量流向图如图 10-3、图 10-4 所示。

卫计委卫生相关数据业务、医疗机构数据业务在省、市、区县都部署有系统节点。疾控中心数据业务分别设置在省、市数据中心节点，对于卫生计生综合监督局相关数据业务和卫生计生委计生相关数据业务，只设省一级系统节点，业务涉及各计生管理机构可直接将数据上传至省卫生计生委业务系统平台。规划后期，将根据计生业务发展需求逐步将网络节点部署至市及区县数据中心节点内。

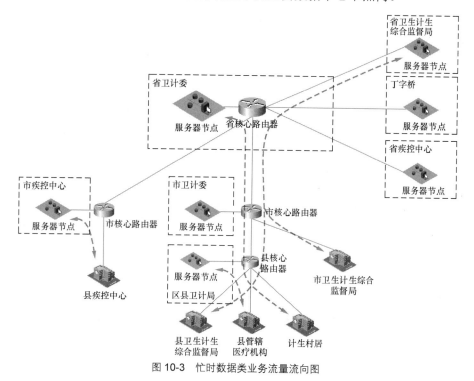

图 10-3　忙时数据类业务流量流向图

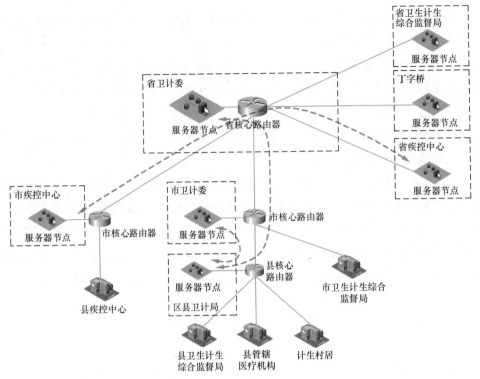

图 10-4 闲时数据类业务流量流向图

5．带宽需求测算

根据各业务现网运行情况，通常数据业务接入需求带宽为 100kHz，视频会议等普通视频类业务需求带宽为 4MHz，远程医疗等交互式视频业务需求带宽为 8MHz。

（1）行政管理部门

省卫生计生委接入带宽=突发公共卫生事件应急救治视频流带宽+远程医疗视频流带宽+数据业务带宽需求=市（州）数量×普通视频类业务需求带宽+全省具备远程医疗能力的医院×交互式视频业务需求带宽×并发率×至省综合医院比例+省内所有医疗卫生管理机构数量×单用户数据业务峰值需求带宽×并发率×省一级业务平台比例=17×4M+207×8M×40%×30%+68000×25%×100k×10%=437MHz。

其中全省具备远程医疗能力的医院数量为 207 家（三级 81 家、二级 126 家），远程医疗并发率取 40%，远程医疗视频业务中 30%连接至省三甲医院，省内所有医疗卫生管理机构数量约为 68000 家，全省单用户数据业务峰值需求带宽取 100kHz，数据业务并发率取 25%，省一级业务平台比例取 10%。

市卫生计生委接入带宽=突发公共卫生事件应急救治视频流带宽+数据业务带宽需求=视频会议视频流数量×单视频流带宽+数据业务带宽需求=（所辖区县数量+1）×单视频流带宽+（所辖区县数量+1）×单县区数据业务带宽。（各市管辖范围区县数量不同，这里就不一一计算）

区县卫计局接入带宽=突发公共卫生事件应急救治视频流带宽+所辖医疗卫生机构数据业务需求带宽=4M+所辖医疗卫生机构数量×单用户数据业务峰值需求带宽×并发率×省市县三级业务平台比例=4M+500×25%×100k×90%=16MHz。

其中区县所辖医疗卫生机构数峰值为 500，并发率取 25%，单用户数据业务峰值需求带宽取 100kHz，省市县三级业务平台比例取 90%。

（2）公用卫生机构

省疾控中心接入带宽=疾控视频会议视频流带宽+数据业务带宽需求=4M×17+10M=78MHz。

注：省疾控中心数据业务主要通过闲时从市、区县疾控中心数据中心提取汇总数据信息，故省疾控中心数据业务带宽需求量较小，采用 10MHz 带宽电路完全可以满足业务需求。

市疾控中心接入带宽=疾控视频会议视频流带宽+数据业务带宽需求=（所辖区县数量+1）×单视频流带宽+（所辖区县数量+1）×单县区数据业务带宽。（各市管辖范围区县数量不同，这里就不一一计算）

县疾控中心接入带宽=疾控视频会议流带宽+数据业务带宽需求=4M+2M =6MHz。

规划初期，考虑到县疾控中心数据业务与视频业务的并发比例较低，可直接采用 4MHz 电路接入。

省卫生计生综合监督局接入带宽=数据业务带宽需求=数据业务用户数×并发比×单用户数据业务峰值需求带宽=2500×10%×400k=100MHz。

卫生计生综合监督局全省监督专员近 2500 人，数据业务并发比取 10%，省综合监督局数据类业务主要为卫生计生监督业务系统省级平台业务，上传文件类型主要为图片，故业务峰值带宽设置为 400kHz。

市卫生计生综合监督局接入带宽=市局内数据业务用户数×并发比×单用户数据业务峰值需求带宽=70×30%×400k=8.4MHz。

市卫生计生综合监督局最大人员编制为 70 人，市局内数据业务并发比取 30%。

县卫生计生综合监督局接入带宽=市局内数据业务用户数×并发比×单用户数据业务峰值需求带宽=53×30%×400k=6.4MHz。

县卫生计生综合监督局内最大人员编制为 53 人，市局内数据业务并发比取 30%。

（3）医疗机构

省综合医院接入带宽=远程医疗视频流带宽+数据业务带宽需求=峰值在线接入远程医疗医院数×单视频流带宽+数据业务带宽需求=2×8M+0.1M=16.1MHz。

三级医院接入带宽=远程医疗视频流带宽+数据业务带宽需求=峰值在线接入远程医疗医院数×单视频流带宽+数据业务带宽需求=1×8M+0.1M=8.1MHz。

市综合医院（含 MCU 节点）接入带宽=远程医疗视频流带宽+数据业务带宽需

求=［医院所在市（州）管辖范围内开通远程医疗医院数×并发率+医院所在市（州）管辖范围内开通远程医疗医院数×并发率×业务开通至省三甲医院比例］×单视频流带宽+数据业务带宽需求=［医院所在市（州）管辖范围内开通远程医疗医院数×并发率+医院所在市（州）管辖范围内开通远程医疗医院数×并发率×业务开通至省三甲医院比例］×单视频流带宽+0.1M。

二级医院接入带宽=远程医疗视频流带宽+数据业务带宽需求=8M+0.1M=8.1MHz。

社区服务中心/乡镇卫生院接入带宽=远程医疗视频流带宽+数据业务带宽需求=8M+0.1M=8.1MHz。

社区卫生站/村医/计生村居接入带宽=数据业务带宽需求=0.1MHz。

（4）健康信息专网省市、市县间带宽需求

健康信息专网省市链路带宽需求=突发公共卫生事件应急救治视频流带宽+疾控视频会议频流带宽+远程医疗交互视频流带宽+数据业务带宽需求=4M+4M+2×8M+4972×25%×100k×10%=36.4MHz。

注：省市链路带宽的预测按 3 个视频业务同时并发的极限情况考虑，远程医疗取省市业务最大并发数 2，数据业务预测中主要考虑省一级业务平台的计生类数据业务，其余多级业务平台省市数据业务流量可通过闲时完成传送。

健康信息专网市县链路带宽需求=突发公共卫生事件应急救治视频流带宽+疾控视频会议频流带宽+远程医疗交互视频流带宽+数据业务带宽需求=4M+4M+8M+500×25%×100k×10%=18MHz。

10.1.4　专网建设总体架构

根据上述需求分析，并结合卫生、计生各级机构的设置，在专网的内部组网中采用三级星型结构，设置四级节点，在一、二、三级节点成对设置路由器设备，形成骨干网的"日"字形结构。卫生和计生业务平台双挂相应级别节点，当任意线路或节点设备发生故障时，可以保障其重点业务自动倒换到另外一边。同时，为需要双线路接入保障的大型医疗机构提供骨干网络双线路、双设备接入能力。

一级节点：省卫生计生委节点；

二级节点：市（州）电信局骨干网络节点；

三级节点：区县电信局骨干网络节点；

四级节点：省、市、区县医疗、计生管理机构和医疗机构。

注：考虑到每级节点接入的下级网络节点数量众多，因此将二级、三级节点部署在市（州）及区县电信局，以此节省市（州）、区县卫生、计生管理局网络节点的接入光缆，同时通过电信代维网络设备，减轻后期维护压力。

在专网的传输专线建设部分，由于其承载的业务应用都是基于网络节点间点对点和点对多点的业务流量模型，同时对于远程医疗及突发公共卫生事件应急救治视频业务需要承载传输专线具备一定的稳定性和安全性，因此采用租用中国电信MSTP/SDH 数字专线电路的方式组建骨干传输系统，在接入层则根据网络节点的重要性及分布位置灵活选取接入线路技术方式。

（1）骨干传输专线

一级网络：省计生委到各市（州）骨干节点；

二级网络：市（州）骨干节点到下辖区县骨干网络节点。

（2）接入传输专线

三级网络：省、市、区县医疗管理机构和医疗机构采用星型方式，接入到省、市、区县相应级别的骨干网络节点。

同时，信息专网通过联入运营商省骨干传输网，实现与省电子政务外网、国家卫生计生委网络的联通。某省人口健康信息专网总体架构图如图 10-5 所示。

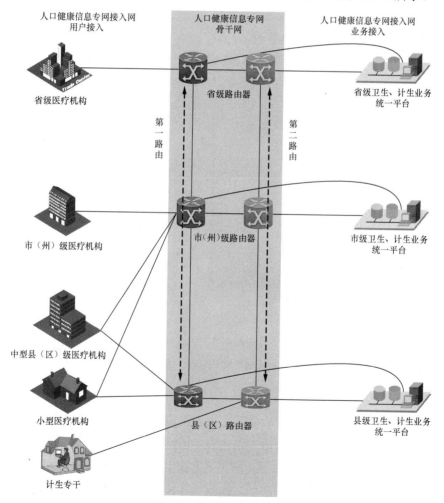

图 10-5 人口健康信息专网总体架构图

10.1.5　专网组网建设方案

1．骨干节点组网方案

（1）省级骨干网络节点组网方案

一级骨干节点网络主要由 2 台骨干路由器组成，使用千兆局域网线路、传输专线电路组网。省级核心节点的 2 台骨干路由设备由 1 条千兆单模光纤互联；每台核心路由器通过 2 条 GE 电路连接 2 台用户内网核心交换机，形成对用户省级局域网和私有云数据中心的网状拓扑接入；每台核心路由器通过 1 条光纤链路连接电信传输网络，与省内每个市（州）的骨干节点互联互通，同时为省卫生计生委机房、省疾控中心、省卫生计生综合监督局、省级医疗机构、省内电信 VPDN 平台等重要外联节点保留冗余线路接入能力。

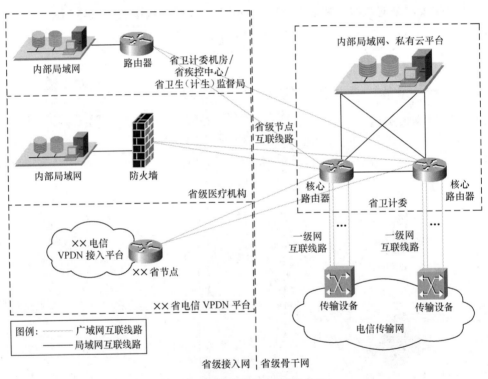

图 10-6　省级骨干节点网络结构图

（2）市（州）骨干网络节点组网方案

二级骨干节点网络主要由 2 台骨干路由器组成，使用千兆局域网线路、传输专线电路组网。市（州）级的 2 台骨干路由设备通过 1 条千兆单模光纤互联；每台骨干路由器通过 1 条 GE 电路连接市（州）卫生计生委的内网核心交换机，形成对用户、市（州）级局域网和数据中心的双线路拓扑接入；每台核心路由器通过 1 条光纤链路连接电信传输网络，与省级骨干节点和下辖区县骨干节点互联互通，同时为市（州）卫生医疗机构等重要外联节点保留冗余线路接入能力；每台核心路由器通过 1 条光纤链路连接电信 VPDN 城域网，为乡镇高清视频业务提供接入能力，同时对下辖区县骨干节点的 LNS 进行备份，如图 10-7 所示。

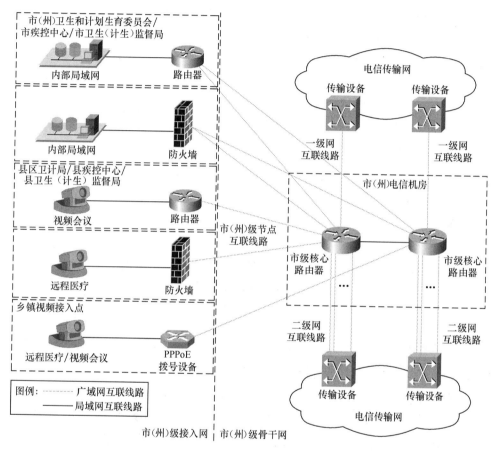

图 10-7　市（州）级骨干节点网络结构图

（3）区县骨干网络节点组网方案

三级骨干节点网络区域主要由 2 台骨干路由器组成，使用千兆局域网线路、传输专线电路组网。2 台骨干路由设备通过 1 条千兆双绞线互连；每台骨干路由器通过 1 条 GE 电路连接区县卫计局的内网核心交换机，每台核心路由器通过 1 条光纤链路连接电信传输网络，与市（州）骨干节点互联互通，同时为区县医疗机构等重要外联节点保留冗余线路接入能力；每台核心路由器通过 1 条光纤链路连接电信 VPDN 城域网，为本区县的计生村居提供基于光纤、ADSL、3G、4G、450M 的 VPDN 接入能力，如图 10-8 所示。

169

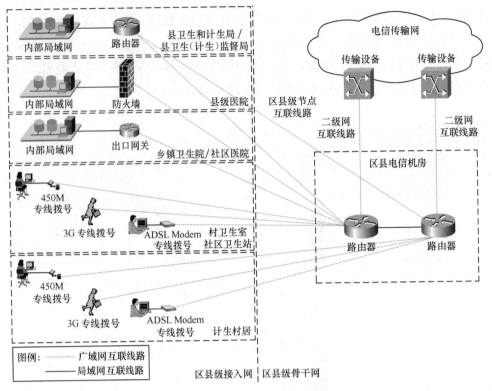

图 10-8　区县级骨干节点网络结构图

2．IP 地址规划

人口健康信息专网全省 IP 地址由省卫生厅信息中心统筹规划，省内各级应用平台及用户接入卫生专网时应遵循省卫生厅的全省统一规划。

根据国家规定，人口健康信息专网使用国家已申请的 IP 地址范围××～××，专网范围内所有共有 IP 均从这个 B 类地址段提取。为保证已建网络并考虑外网的实施成本，在外网地址规划中，使用综合地址规划方案，采用正式地址和保留地址相结合的办法。

正式地址包括：骨干层与接入层的互联地址和网络设备地址、外网服务器地址。

保留地址包括：在地址规划时，可作大量的地址预留，各级网络尽量使用整段 IP，以便进行路由汇聚，减少网络路由数量。

考虑到内部局域网和服务器的业务模型，建议 IP 地址的管理和分配采用动态和静态结合的方式。普通用户的 IP 地址由 DHCP 服务器动态分配，服务器地址、设备管理地址、接口互联地址等需要固定 IP 地址。

3．QoS 规划

综合运用 QoS 保证策略，避免数据拥塞、降低传送的时延、降低数据的丢包率以及时延抖动，有效保证系统服务质量，达到语音清晰、图像质量良好、音视频一致，为实时业务、关键业务、交互业务提供整体 QoS 保障。

卫生信息专网现承载的主要业务分为视频类业务和数据类业务，可进一步划分为：实时语音业务、交互式视频业务（如会议电视）、视频业务（如视频监控）和重要数据业务（如各类业务应用系统）、普通数据业务（如办公系统）。

（1）分类和标记

首先，在各区域接入层设备采用五级 QoS 保障，具体分配如表 10-5 所示。

表 10-5　　　　　　　　　　　接入层设备 QoS 保障表

应用类型	等级名称	IP 服务类型	类别	队列调度	拥塞避免
实时语音业务	重要业务	优先值=101	EF（快速转发）	严格优先	不丢包
交互式视频业务（如会议电视）	高优先级业务	优先值=100	AF4X（确保转发）	严格优先	WREB（拥塞避免机制）
视频业务（如视频监控）	中优先级业务	优先值=011	AF3X（确保转发）	CBWFQ（加权公平队列）	WREB（拥塞避免机制）
重要数据业务（如各类业务应用系统）	低优先级业务	优先值=010	AF2X（确保转发）	CBWFQ（加权公平队列）	
普通数据业务（如办公系统）	普通业务	优先值=000	BE（尽力而为）	FIFO（尽力转发）	WREB（拥塞避免机制）

其次，为达到核心设备高速转发性能，在骨干网省路由器、骨干网市（州）路由器上将与本地接入网互联的网络接口建立信任边界，在骨干网的边界设备对各区域流量进行重标记，将区域网络的五级 QoS 映射为三级 QoS 保障，如表 10-6 所示。

（2）队列和调度机制

基于表 10-16 QoS 策略，要求各个业务接入端口均提供硬件队列。建议采用 CBWFQ 实施拥塞管理。实时语音业务和交互式视频业务（如会议电视）对于丢包、延时和抖动非常敏感，因此放入严格优先队列，拥塞时，在保障规定范围的流量能正常传输的情况下，对于超出的流量采取降级传输策略，以保证不丢包。视频业务（如视频监控）及重要数据业务加入到加权公平的轮询队列，队列之间通过优先级的不同，调度的权重有所不同，带宽保证程度不同。普通数据业务的权重最低，采用尽力转发方式，不保证带宽。

表 10-6　　　　　　　　　　骨干网边界设备 QoS 保障表

实时语音		
交互式视频业务（如会议电视）	→→→	实时交互的语音视频业务
视频业务（如视频监控）		
重要数据业务（如各类业务应用系统）	→→→	重要数据业务
普通数据业务（如办公系统）	→→→	一般数据业务

（3）拥塞避免

在各层网络设备中，对各优先级数据流采用 WRED（拥塞避免机制）实施拥塞避免。队列内部在拥塞情况下通过 WRED 算法来丢包避免拥塞，优先级低的丢包门限低，先行丢包。

4. 路由规划

人口健康信息专网网络结构采用 IGP 路由策略，实现优化的网络路径选择和路径均衡功能，在网络结构变化时，数据能通过其他路径迂回，保证网络的畅通。

人口健康信息专网骨干网络采用 OSPF 协议，通过动态路由、静态路由、直连路由等路由协议与各接入网节点互联互通，整体路由架构如图 10-9 所示。

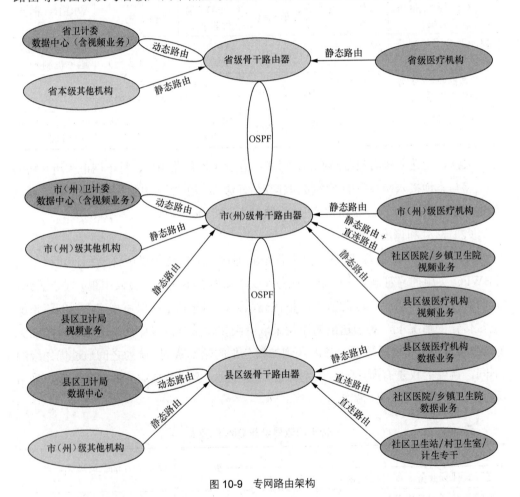

图 10-9　专网路由架构

（1）骨干网络 IGP 路由协议部署

省市间部署 OSPF 动态路由协议，省路由器的下行接口和市（州）路由器的上行接口发布于 Area 0 中；

市和区县间部署 OSPF 动态路由协议，配置为 NSSA 区域类型；市路由器的下行接口和区县路由器的上行接口发布于 Area X 中；

市（州）级接入网 IP 地址段用汇总路由指向市（州）级路由器的空接口，并重发布于 Area 0 中；

区县级接入网 IP 地址段用汇总路由指向区县级路由器的空接口，并重发布于 Area X 中。

（2）省级接入网 IGP 路由协议部署

省级骨干节点路由器通过独立的动态路由协议进程（OSPF 或 RIP2），以双线路、双设备的形式接入省卫生计生委核心节点，通过两台核心路由器发布两条缺省路由给省卫生计生委局域网核心交换机，引导局域网流量双线路上行至两台核心路由器。

省级骨干节点路由器通过静态路由接入省本级其他机构，同时，省本级其他机构路由设备通过配置缺省路由，使流量上行至省级骨干节点路由器。

省级骨干节点路由器为省级医疗机构提供两种接入方式：静态路由接入、双线路，双设备动态路由接入。在省级医疗机构无特殊要求的情况下，缺省配置为静态路由接入。静态路由配置方式为：通过静态路由接入省级医疗机构，同时，省级医疗机构路由设备通过配置缺省路由，使流量上行至省级骨干节点路由器。

（3）市（州）级接入网 IGP 路由协议部署

市（州）级骨干节点路由器通过独立的动态路由协议进程（OSPF 或 RIP2），以双线路，双设备的形式接入市（州）卫生计生委核心节点，通过两台核心路由器发布两条缺省路由给市（州）卫生计生委局域网核心交换机，引导局域网流量双线路上行至两台核心路由器。

市（州）级骨干节点路由器通过静态路由接入市（州）级其他机构，同时，市（州）级其他机构路由设备通过配置缺省路由，使流量上行至市（州）级骨干节点路由器。

市（州）级骨干节点路由器为市（州）级医疗机构提供两种接入方式：静态路由接入、双线路，双设备动态路由接入。在市（州）级医疗机构无特殊要求的情况下，缺省配置为静态路由接入。静态路由配置方式为：通过静态路由接入市（州）级医疗机构，同时，市（州）级医疗机构路由设备通过配置缺省路由，使流量上行至市（州）级骨干节点路由器。

市（州）级骨干节点路由器通过静态路由接入区县卫计局视频会议业务，同时，区县卫计局路由设备通过配置缺省路由，使流量上行至市（州）级骨干节点路由器。

市（州）级骨干节点路由器通过静态路由接入区县医疗机构远程医疗业务，同时，区县医疗机构远程医疗业务路由设备通过配置缺省路由，使流量上行至市（州）级骨干节点路由器。

市（州）级骨干节点路由器通过"直连路由+静态路由"接入有电信光纤覆盖的乡镇视频会议业务，同时，乡镇光纤路由拨号设备通过拨号获得直连路由地址，使流量上行至市（州）级骨干节点路由器。

（4）区县级接入网 IGP 路由协议部署

区县级骨干节点路由器通过独立的动态路由协议进程（OSPF 或 RIP2），以双线路、双设备的形式接入区县卫计局核心节点，通过两台核心路由器发布两条缺省路由给区县卫计局局域网核心交换机，引导局域网流量双线路上行至两台核心路由器。

区县级骨干节点路由器通过静态路由接入区县本级其他机构，同时，区县本级其他机构路由设备通过配置缺省路由，使流量上行至区县级骨干节点路由器。

区县级骨干节点路由器为区县级医疗机构提供两种接入方式：静态路由接入、双线路，双设备动态路由接入。在区县级医疗机构无特殊要求的情况下，缺省配置为静态路由接入。静态路由配置方式为：通过静态路由接入区县级医疗机构，同时，区县级医疗机构路由设备通过配置缺省路由，使流量上行至区县级骨干节点路由器。

区县级骨干节点路由器通过直连路由接入有线网络、无线网络覆盖的乡镇村，同时，乡镇村拨号设备通过拨号获得直连路由地址，使流量上行至区县级骨干节点路由器。

5. 新增设备汇总

人口健康信息专网配置的设备数量及配置要求如表 10-7 所示。

表 10-7　　　　　　　　人口健康信息专网配置设备数量及要求

设 备 名 称	数量	备　　注
省级节点核心路由器	2 套	放置于用户机房
大型市（州）节点汇聚路由器	24 套	支持 L2TP 协议，放置于当地电信机房。（支持 128 条 4MHz 带宽高清视频流线速转发，未来可扩展至 256 条 4MHz 带宽高清视频流线速转发）
小型市（州）汇聚路由器	10 套	支持 L2TP 协议，放置于当地电信机房。（支持 64 条 4MHz 带宽高清视频流线速转发，未来可扩展至 128 条 4MHz 带宽高清视频流线速转发）
县区接入路由器	210 套	支持 L2TP 协议，放置于当地电信机房
市（州）节点电路汇聚交换机	17 套	与市（州）节点路由器放置于同一地点
县区节点电路汇聚交换机	105 套	与县区节点路由器放置于同一地点
网络管理软件	1 套	

10.1.6　传输专线建设方案

1. 骨干传输建设方案

人口健康信息专网骨干传输专网系统是基于电信传输网承载的星型结构，省、市、县三级骨干路由器之间采用中国电信 MSTP/SDH 数字专线电路互联，接入层通过电信市（州）传输网和拨号专线接入网连接接入节点和骨干网络。结合 10.1.3 小节对业务带宽需求的预测，省卫生计生委连接市卫生计生委需要 50MHz 带宽，市卫生计生委连接所辖区县卫生计生委需要 30MHz 带宽。

2．网络节点专线接入方案

（1）业务接入模型

通过对人口健康信息专网业务系统的分析与测算，得出各类基层医疗卫生机构接入模型如表 10-8 所示。

表 10-8　　　　　　　　　　业务接入模型带宽需求表

接入机构承载业务类型	业务部署层级	接入方式	带宽需求	具体业务名称
交互式视频业务	省、市、区县	光纤数字电路	至少8M	$M+N$ 远程医疗业务
视频业务	省、市、区县	光纤数字电路	至少4M	如疾控视频会议、突发公共卫生事件应急救治视频业务
普通数据业务	省、市、区县	光纤数字电路	至少4M	各类卫生计生业务系统
	乡镇卫生院、社区医院局域网接入用户、监督专员	光纤拨号数字专线	至少4M	各类卫生计生业务系统，远程医疗业务
	村卫生室、移动用户等单一用户	拨号数字专线（通过 ADSL Modem、3G 上网卡或 450M 网卡拨号）	至少4M	各类卫生计生业务系统

上述单个接入机构接入模型的分析结论，可以指导某省人口健康信息专网电路的整体规划。

（2）某省节点专线电路接入方式

考虑到卫生和计划生育委员会核心节点组网电路带宽的需求以及两个机房冗余热备的要求，在电信与卫生和计划生育委员会南北机房核心节点各引入两对光缆并组成光环，在用户机房配置传输设备，从传输设备各引出 1 条带宽为 1000MHz 的单模光纤链路与省卫生和计划生育委员会核心节点的 2 台路由器的以太网千兆单模光接口直连。此传输设备通过市电信骨干传输环网接入省电信长途传输网络，实现从省核心节点到各市（州）节点的连接。用户端配置的传输设备上引出的电路的可用带宽为 2 条 1000MHz，完全满足核心节点组网电路接入带宽的现有需求，并规划了将来组网电路升级的预留通道。今后当核心节点带宽扩充超过本方案规划时，安装在用户端的传输设备拥有充足的通道确保人口健康信息专网组网电路的长期扩容需求，如图 10-10 所示。

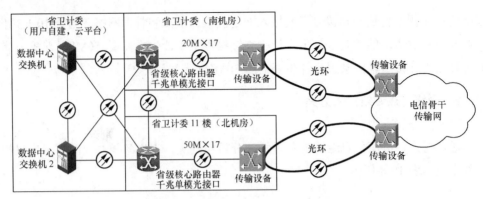

图 10-10　省级节点电路接入方式结构图

（3）市（州）节点专线电路接入方式

规划初期，专网市（州）节点引入 2 条 50MHz 带宽的上行电路和 $2 \times N$（N 为下辖区县数量）条 30MHz 带宽的下行电路，电路采用单模光纤链路承载与市（州）节点 2 台路由器的光接口直连，另引入 1 条带宽为 600MHz 的城域网线路作为乡镇 VPDN 视频业务接入线路和区县级 VPDN 业务的备份线路。市（州）节点的上、下行电路传输设备通过当地电信骨干传输环网接入长途传输网络，实现从市（州）节点到省核心节点的连接，并接入当地专网区县节点，如图 10-11 所示。

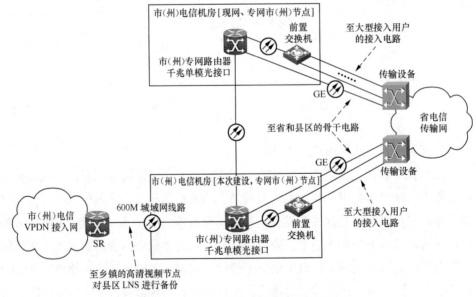

图 10-11　市（州）节点电路接入方式结构图

（4）区县节点专线电路接入方式

区县节点引入 2 条 30MHz 带宽的上行电路，电路采用双绞线链路承载与区县节点 2 台路由器的以太网接口直连，另各引入 1 条带宽为 20MHz 的城域网线路作为乡、镇、村医疗机构和计生专干固网与移动网络 VPDN 数据接入线路。区县节点的上行电路传输设备通过当地电信骨干传输环网接入市（州）传输网络，实现从区县节点到市（州）节点的连接，如图 10-12 所示。

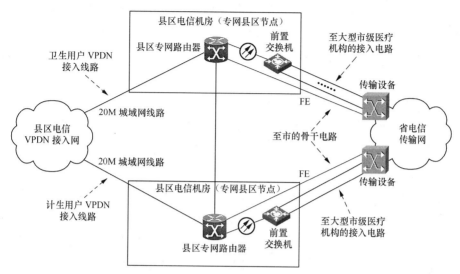

图 10-12　区县节点电路接入方式结构图

（5）省、市、区县医疗、计生管理机构和医疗机构等 4 级节点专线电路接入方式。

➢　省卫生计生委、省疾控中心及省卫生计生综合监督局网络节点设置在同一大楼内，相互间距离短，传输速率要求高，采用局域网（LAN）接入模式。

➢　市、区县级医疗、计卫管理机构、医疗机构等主要节点均采用 MSTP/SDH 光纤数字电路接入模式，以提供高质量的电路服务承载数据、视频等各类业务。

➢　社区服务中心及乡镇卫生院等网络节点主要采用 PON 光纤拨号数字专网接入模式。

➢　村卫生室、社区卫生站及计生村居等网络节点主要采用 ADSL 拨号数字专网接入模式。

3．专网租用专线电路汇总

表 10-9　　　　　　　　　　　　专网电路汇总表

线 路 类 型	数　　量	带　　宽
省市间电路	34 条	50MHz
市区县间电路	210 条	30MHz
大型市（州）节点城域网线路	13 条	600MHz
小型市（州）节点城域网线路	4 条	300MHz
小型市（州）节点城域网数据业务线路	4 条	20MHz
区县城域网数据业务线路	105 条	20MHz

10.1.7　灾备中心建设方案

灾备中心建设在××市（与省级节点不为同一城市）卫生计生委数据机房，通过 1 条高带宽光纤数字电路接入至人口信息专网节点，通过专网连接至省卫生计生委信息中心云平台，实现互联互通。

10.1.8　与省电子政务外网联通

省人口健康信息专网将与省电子政务外网联通，需通过省级外网管理中心的审批接入省电子政务外网平台，人口健康信息专网采用逻辑隔离的方式接入省电子政务外网平台。

逻辑隔离适用于大多数单位，其内部网络实现对内部信息与资源实施的保护，在受控的情况下与外网进行连接。针对这种类型的单位，如需访问省电子政务外网资源，可借助于防火墙或路由器完成连接，将不安全的协议、数据过滤，但同时保证正常信息运转，通过受控的网络协议实现信息交换。接入方式结构图如图 10-13 所示。

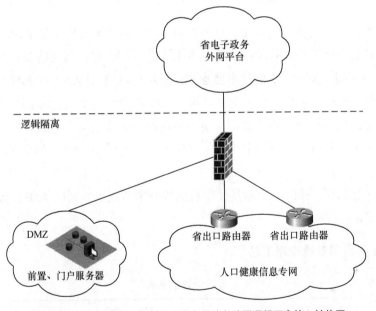

图 10-13　人口健康信息专网接入省电子政务外网逻辑隔离接入结构图

10.2　企业专网建设案例

本节以某大型制造企业为例，介绍该企业组建全国范围内全业务支撑专网的建设方案。方案结合其生产节点的分布及未来业务的扩张，分步骤制定每个时期的专网建设架构，并对企业节点组网模式及建设传输专线等多方面进行了详细的描述。

10.2.1 专网建设背景

某制造企业建设的专用通信网络定位于为全公司各种 IT 系统提供高速、高效、多业务可靠传输的支撑网络，是公司数字化生态区基地得以实现的基础网络平台。该网络通过专线电路将各分支节点与总部互联，组建覆盖整个企业的全业务支撑专用通信网络。从而实现全公司各种业务的统一管理策略，降低公司整体网络支撑成本，提高公司的生产效率和管理效率，为各种业务和应用提供统一的综合传送平台。

10.2.2 网络现状及问题

1．网络现状

××企业原基础承载专网覆盖了武汉、十堰、襄阳和杭州等主要生产基地，目前承载网采用二级星型网络结构，是由路由器、交换机等设备构成的路由型网络，全网采用 TCP/IP 协议。

基础承载专网核心节点设置在十堰数据中心，该节点部署核心路由器、核心交换机等设备，软交换系统、各级 IT 管理系统、十堰本地员工宽带用户、其他企业用户、呼叫中心及燃气公司等单位通过核心交换机接入基础承载专网。同时十堰数据中心分别开通至电信和联通的互联网接入电路，满足企业内部 Internet 访问的需求。在武汉、襄阳和杭州设置二级网络节点，各节点核心路由器通过防火墙接入当地运营商网络。通过租用运营商以太网电路实现与十堰核心节点的互通，武汉、襄阳分别租用 1 条 GE 电路和 1 条 2M 电路链接至十堰数据中心边界防火墙，其中 GE 电路用于承载各类数据业务，2M 电路用于承载软交换话音业务。此外，武汉、襄阳节点开通与当地电信、联通的互联网电路，实现本地 Internet 访问业务；杭州网络节点仅部署有软交换网络设备，租用 1 条 2M 电路接入十堰数据中心。××企业基础承载专网整体网络结构图如图 10-14 所示。

2．网络存在的问题

目前该企业基础通信业务种类众多，包括互联网访问、企业内部 OA、NGN 话音、普通数据业务等。基础承载专网采用单一的网络结构对各类业务进行承载，但是由于目前网络组网结构和安全机制对各类业务的 QoS 区分和保障能力有限，将无法满足企业长期运营和管理的需要，主要不足如下。

① 现有的网络上承载着 NGN 话音业务。NGN 话音业务的承载网性能指标的参数主要有带宽、时延、时延抖动、丢包率等，目前××企业基础承载专网为传统的 IP 路由网络，网络的延时和抖动在很大程度上是不可控的，丢包率在网络负荷上升或网络受到攻击时也会出现不可控的情况，这不满足 NGN 业务要求；同时，由于承载网无法提供可靠的 QoS 保障，网络节点间需要租用单独的电路组建专网承载 NGN 语音业务，造成资金浪费，增加了网络的复杂度，提高了网络的运维成本。

② 基础承载专网网络节点之间主要采用单电路、单路由的方式进行互联，网络运行存在一定安全风险，在租用的运营商电路中断的情况将导致各类业务无法正常开通。

③ 目前在业务上，通过访问控制技术（ACL）来实现业务隔离的控制，这种方式的业务隔离是以消耗设备硬件资源为代价的，并且在全网中部署实施精确的隔离，在技术层面上难度较大，操作复杂。

④ 各地网络各自为政，实行的管理策略和安全策略不一致，导致各地网络可靠性和稳定性有一定差异，无法实施全公司统一的安全策略和管理，网络管理复杂度增加，造成管理成本上升。

⑤ 目前基础承载专网整体 QoS 保障能力不足，现有网络架构及设备无法支持端到端的 QOS，无法提供对视频会议、高清视频监控、关键数据传送业务的支撑；同时，基础承载专网覆盖有限，对于企业进一步在全国范围内拓展进程，将成为企业通信及信息化发展的瓶颈。

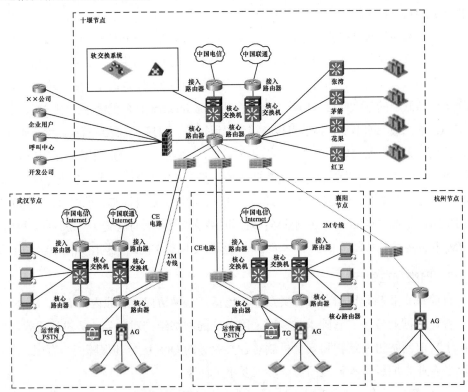

图 10-14　XX 企业基础承载专网网络结构图

10.2.3　专网建设目标和思路

1．建设目标

建立一个稳定、高效、安全的数据承载专网，为企业所辖各区域、各单位提供的互联网业务、专线互联业务、视频会议业务、IP 语音业务及其他业务的开展奠定良好的基础，并为这些业务提供良好的质量、安全、可靠性、高效、易维护性、可扩展性的技术保证。

2．建设思路

××企业希望通过组建一个新的专用通信网络，来实现语音、数据、视频各类业务的综合承载，并针对各类业务的特性提供端到端的 QoS 保障能力。同时，整个网络结构要易于扩展，并具有各网络节点灵活接入的特点。基于上述目标，建议采用基于 IP 的 MPLS 技术，组建覆盖该企业的全业务支撑的 MPLS VPN 网络。其企业内部节点组网采用具备 MPLS 功能的路由器设备，构建类似电信运营商 IP 数据网结构的骨干网络；专网内网络节点间的传输专线建设通过租用电信运营商专线电路的方式实现，具体根据带宽需求可采用租用 MSTP/SDH 数字电路或者波分通道。

10.2.4　专网建设总体架构

新建专用通信网采用分层模型，结合其承载业务的特点及各数据中心节点位置综合分析，整个网络分为核心层、汇接层和业务层。核心层、汇接层节点根据业务发展需要配置相应档次的路由器。同一台路由器可以兼作核心节点及汇接节点并承担相应功能。每台业务路由器均与同城市（或同节点）的汇接节点路由器直接相连。

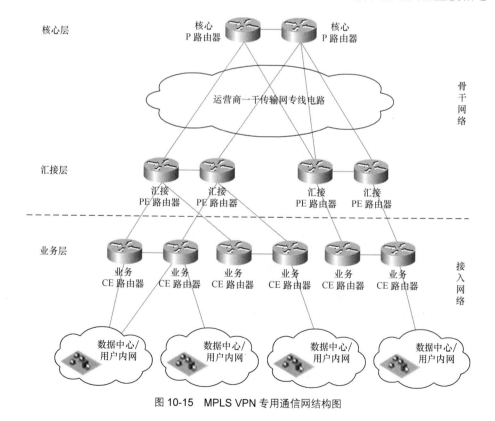

图 10-15　MPLS VPN 专用通信网结构图

核心节点设备之间的互连链路、核心节点设备与汇接节点设备的互连链路以及汇接节点的设备组成的网络被定义为 MPLS VPN 骨干网络,采用租用运营商专线电路的方式对接。网络的其他部分被定义为接入网络,具体包括汇接节点设备间的互连链路、汇接节点设备与业务层设备的互连链路。网络拓扑结构图如图 10-15 所示。

10.2.5 节点组网建设方案

1. 初期

根据该企业基础承载专网现状以及企业内部各数据中心节点部署,初期 MPLS VPN 承载网拓扑结构如图 10-16 所示。

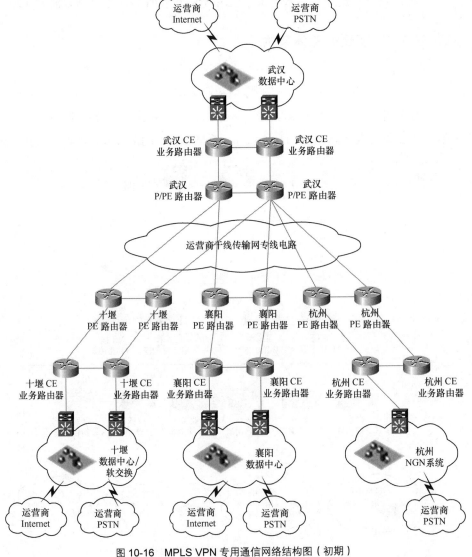

图 10-16 MPLS VPN 专用通信网络结构图(初期)

（1）MPLS VPN 核心层

武汉作为 MPLS 网络的核心节点，设置 P 核心路由器设备，具备提供大容量路由表项和高效路由计算的能力，具备强大的可扩展能力。基于现网业务容量和节点数量较少的考虑，由于大部分 MPLS 流量都需要经过武汉的 PE 路由器，可以将武汉的 PE 设备和 P 设备合设，以提高网络的性能，降低网络建设成本。MPLS VPN 武汉核心路由器与企业内部的业务路由器互联，将各分支机构的业务接入到企业位于武汉的数据中心。武汉 P/PE 设备通过租用运营商二层传输专线与十堰、襄阳和杭州的汇接节点，构建企业 MPLS VPN 骨干网。

（2）MPLS VPN 汇接节点

初期建设十堰、襄阳、杭州三个 MPLS VPN 承载网汇接节点。为提升网络的可靠性，建议提供链路冗余，构建双设备冗余汇接节点。各分支 PE 设备与本地业务路由器互联，将各地的 MPLS VPN 业务接入到 MPLS VPN 骨干承载网。

（3）MPLS VPN 业务节点

××企业 MPLS VPN 承载网在各网络节点设置两台业务路由器，每台业务路由器通过 1 条 GE 链路连至本地汇接路由器，下挂各数据中心核心交换机。

2．中期

结合企业发展，在武汉、十堰、襄阳、广州形成四大基地，下一步在广州、郑州、盐城、柳州、常州和重庆建设网络节点，骨干网络结构图如图 10-17 所示。

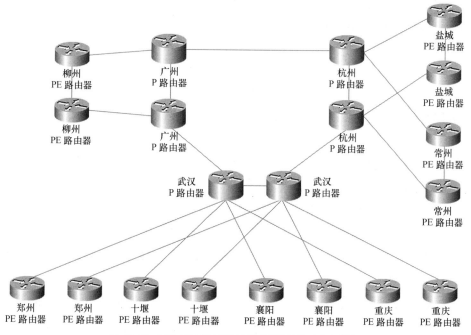

图 10-17　MPLS VPN 承载骨干网网络结构图（中期）

（1）MPLS VPN 核心层

根据业务量现状和预测、运营商传输资源状况、MPLS VPN 承载网初期建设结构和节点地理位置，在武汉、杭州、广州 3 个城市设置核心节点。每个城市的 2 台核心路由器分别与另一个城市的 1 台核心路由器通过 1 条 GE 链路互联，3 个城市的 6 台核心路由器组成一个环形网络。对于 3 个网络节点本地业务，不单独设置 PE 路由器，采用 P/PE 设备合设，直接与本地业务路由器互连。

（2）MPLS VPN 汇接节点

中期，在原有网络基础上，新增郑州、盐城、柳州、常州和重庆 5 个 MPLS VPN 承载网汇接节点。其中郑州、重庆汇接路由器上联至武汉核心路由器，盐城、常州汇接设备上联到杭州核心路由器，柳州汇接路由器上联至广州核心路由器。各汇接节点 PE 设备与本地业务路由器互连，将各地的 MPLS VPN 业务接入到 MPLS VPN 骨干承载网。

（3）MPLS VPN 业务节点

新增的网络节点各设置 2 台业务路由器，每台业务路由器通过 1 条 GE 链路连至本地汇接路由器，下挂各数据中心核心交换机。

3. 远期

随着企业的业务拓展和 MPLS VPN 承载网的覆盖面持续增大覆盖，其承载网将不仅为企业内部提供专业的 IP VPN 服务，更将扩展到其他企业，建成具备全国性的 MPLS 骨干网，可以为公司下游营销企业提供更多的 IP VPN 增值业务。

目前该企业下游营销企业遍布全国 31 个省份。××企业 MPLS VPN 承载网为具备全国性业务提供能力，需要将网络节点覆盖到全部 31 个省份，其骨干网节点结构图如图 10-18 所示。

（1）MPLS VPN 核心层

根据该公司下游营销企业的节点的分布情况、MPLS VPN 承载网中期建设结构和节点地理位置，在原有武汉、杭州、广州 3 个核心节点的基础上，在重庆、西安和北京新设置 3 个核心节点。每个城市的 2 台核心路由器分别与邻近另一个城市的 1 台核心路由器通过 1 条 GE 链路互连，6 个城市的 12 台核心路由器组成一个环形网络。对于 6 个核心网络节点的本地业务，不单独设置 PE 路由器，采用 P/PE 设备合设，直接与本地业务路由器互连。

（2）MPLS VPN 汇接节点

远期，在该公司下游营销企业分布的全国 25 个省会城市（不含核心节点所在省份）设置 MPLS VPN 承载网汇接节点，分别上联至相应的核心路由器。原有 MPLS VPN 承载网中的十堰、襄阳、柳州、常州和盐城汇聚节点设备保持不变，综合租用运营商电路成本等因素，柳州、常州和盐城汇接路由器上联改至本省省会汇接路由器。

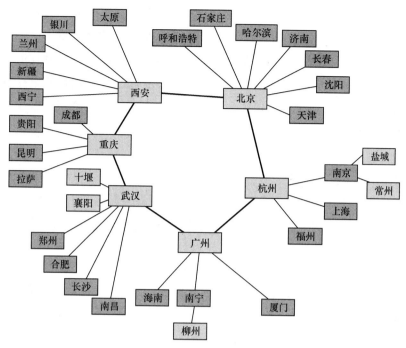

图 10-18　MPLS VPN 承载骨干网节点结构图（远期）

（3）MPLS VPN 业务节点

结合企业内各数据中心的布局，MPLS VPN 承载网业务节点数量和位置与中期保持一致，在原有网络节点各设置 2 台业务路由器，每台业务路由器通过 1 条 GE 链路连至本地汇接路由器，下挂各数据中心核心交换机。

（4）公司下游营销企业 VPN 业务接入节点

需要开通 VPN 业务的营销企业节点需要设置 1 台 CE 路由器，通过租用运营商电路（根据可靠性需要可采用 1 条或者 2 条电路）就近接入本省省会部署的××企业 MPLS VPN 承载网汇接路由器设备，网络结构如图 10-19 所示。

图 10-19　营销企业节点 VPN 电路接入网络拓扑图

10.2.6　传输专线建设方案

1. 带宽需求测算

建设企业 MPLS VPN 承载网的架构由 MPLS VPN 路由器内部节点网络及传输

专线两部分组成。MPLS VPN 路由器内部节点网络提供各种业务传输平台，而传输专线为 MPLS VPN 路由器网络的路由交换设备提供线路和带宽。在 MPLV VPN 承载网建设方案中，核心节点设备之间的互连链路、核心节点设备与汇接节点设备的互连链路主要通过租用运营商省际干线以及省内二级干线传输电路承载。在整体网络建成后的日常运行维护中，运营商传输电路的租赁费用占据运维成本的绝大一部分，因此租用链路带宽的准确预测对网络建设的投资效益最大化起着至关重要的作用。

建设初期，根据 MPLS VPN 网络设计，省际电路为武汉核心路由器至杭州汇接路由器的 2 条链路，省内二干电路为武汉核心路由器至襄阳和十堰的各 2 条链路，参考目前企业基础承载网的业务和链路带宽利用率，各层节点间均可采用 GE 颗粒链路即可满足业务承载需求。由于 MPLS VPN 承载网需要为各类业务提供差异化的 QoS 保障，网络中链路利用率建议不超过 50%，故采用 GE 颗粒链路，各网络节点出口 2G 带宽可满足 500 路视频会议或监控类业务同时在线使用（目前企业现有基础承载网中存在 NGN 语音、视频通信、监控、OA 数据等各类业务，其中视频、监控类业务对带宽需求最大，故用该类业务进行分析）。

建设中期，根据 MPLS VPN 网络设计，省际电路共 13 条，省内二干电路为 4 条，新增核心及汇接网络节点业务种类和带宽需求与原有节点基本一致，故同样可采用 GE 颗粒链路进行组网。

建设后期，根据 MPLS VPN 网络设计，建设可以向全国范围内提供 VPN 业务的承载网络，业务需求主要为公司下游营销企业提供 VPN 专线接入，业务模式以视频监控为主。通常监控类业务对网络带宽的需求为 2MHz，MPLS VPN 承载网内各级链路带宽测算如下：

核心节点出口电路带宽＝所辖汇接节点上行电路总带宽；

汇接节点上行电路带宽＝营销节点数量×2Mbit/s×用户并发比/链路带宽占用率；

其中参考运营商 VPN 大客户专线，通常用户并发比约为 50%；

链路带宽占用率≤50%；

汇接节点上行电路带宽≥营销节点数量×2×50%/50%。

根据计算得出，××企业 MPLS VPN 专网远期建设方案中，各层级租用运营商链路采用 GE 颗粒可满足业务发展需求。

在 MPLS VPN 承载网实际运行过程中，网络中各链路带宽的设置还需结合各级链路的具体使用情况。随着高清视频、监控等业务的发展，当 MPLS VPN 承载网路由器设备间互连电路负载高于 50% 时，建议考虑进行链路带宽扩容，这可以通过两端设备之间新增 GE 颗粒链路方式来实现。当承载网中两台路由器设备之间的互连电路带宽将接近或超过 4GHz 时，建议采用 10GE 颗粒链路进行扩容。

2．传输专线的选择

在选择电信运营商租用专线电路方面，在建设初期及中期业务流量需求不大的情况下，可以采用基于 SDH 的 MSTP 数字电路或者直接租用 GE 颗粒波分通道，这两种技术提供刚性透明的传输通道，安全性高，传输时延小，其高质量的 QoS 网络指标可以保证 MPLS VPN 专网建设的顺利实施。后期在网络流量增加后，可以考虑租用 10G 颗粒的运营商波分通道。

10.2.7　QoS 部署

通过在××企业 MPLS VPN 部署 QoS 策略，可以避免数据拥塞、降低传送的时延、降低数据的丢包率以及时延抖动，有效保证系统服务质量，达到语音清晰、图像质量良好、音视频一致，为实时业务、关键业务、交互业务提供整体 QoS 保障。

××企业 MPLS VPN 承载专网以链路轻载为基础，结合路由快速收敛、快速重路由和 DiffServ 等技术，保证 VPN 承载专网的可用性、稳定性和区分服务能力，实现网内的 QoS 保障。

1．QoS 分类和标记

MPLS VPN 承载专网使用 8 个 QoS 标记，其中一个标记给网络控制信息使用，一个给企业自身关键业务使用，其余对外提供业务。具体各 QoS 等级及分类标记对应关系如表 10-10 所示。

表 10-10　　　　　　　　　　QoS 分类和标记

优先等级	等级名称	MPLS VPN 承载网标记	队列类型	业务类型
↓	企业自有关键业务	100	严格优先级队列	NGN 语音业务
	企业自有专用业务	110	轮询队列 1	网络控制信息
	VPN 承载网　钻石业务	111	轮询队列 2	营销机构实时语音
	VPN 承载网　白金业务	101		营销机构交互视频、监控
	VPN 承载网　金业务	011	轮询队列 3	营销机构信息系统
	VPN 承载网　银业务	001		营销机构视频点播
	VPN 承载网　铜业务	010		营销机构普通数据
	企业普通数据类业务	000	轮询队列 4	普通数据通信

QoS 的实现原则一般是在边缘完成业务的分类和标记，在核心根据 QoS 标记进行分类转发。QoS 分类一般根据物理端口、逻辑子端口、源 IP 地址、标记字段或应用层端口号来分类。标记字段使用 IP Precedence 或 MPLS EXP 等三层 QoS 标记。

对于直接接入 MPLS VPN 承载专网的营销企业节点专线互联业务，必须根据和营销企业客户签订的 SLA 协议，在这些客户数据进入之前加上 QoS 标记。

对于 NGN 软交换、视频会议等业务，其关键服务器（如 MGW、MCU 等）设备直接连接 MPLS VPN 承载网业务路由器设备，在路由器上按照接入物理端口完成流量标识。

2．带宽分配

在 MPLS VPN 网络建设方案中，根据各类业务的预测流量和确定的带宽预留倍数来预留各等级所占的带宽比例。将来可结合网管等手段，统计和采集各类业务的流量比例，再优化 QoS 实施策略。分配带宽时，预留一定量的带宽作为空闲带宽，以调节各等级之间的带宽平衡，并在链路拥塞时，优先保证高等级队列获得更多的带宽。目前预测到的各类业务所占带宽百分比如表 10-11 所示。

表 10-11　　　　　　　　　各类业务 QoS 带宽保证列表

业 务 类 型	带宽预留倍数	标　记
关键业务	3	4
专用业务/网络控制信息	2	6
钻石/白金业务	2	7/5
金/银/铜业务	1	3/1/2
缺省业务	根据剩余流量调整	0

3．QoS 转发策略

××企业 MPLS VPN 承载网为关键业务（含控制流量和语音流量）提供绝对优先等级服务，优先使用带宽。其他各等级业务采用加权轮循方式分享带宽，同时采用 WRED 丢包机制，为不同等级配置不同的 WRED 参数，实现基于 QoS 等级的 IP 包转发。限速和整形在业务接入设备上进行，一般针对普通数据类业务进行流量控制。

10.2.8　专网硬件设备投资估算

××企业 MPLS VPN 承载专网建设项目硬件设备投资如表 10-12 所示。

表 10-12　　　　××企业 MPLS VPN 承载专网建设项目硬件设备投资

时间点	设备类型	建设内容	单价（万元）	数量（台）	总价（万元）	推荐型号
初期	核心层 P 路由器	武汉核心节点新增 2 台路由器	150	2	300	华为 NE40E-X16/中兴 M6000-18S/H3C SR8812-X
	汇接层 PE 路由器	杭州、十堰、襄阳汇接节点各新增 2 台路由器	100	6	600	华为 NE40E-X8/中兴 M6000-8S/H3C SR888-X
	业务层 CE 路由器	武汉、杭州、十堰、襄阳数据中心各新增 2 台 CE 路由器	60	8	480	华为 NE40E-X3/中兴 M6000-3S/SR8804-X
	合计				1380	

续表

时间点	设备类型	建设内容	单价（万元）	数量（台）	总价（万元）	推荐型号
中期	核心层 P 路由器	广州核心节点新增 2 台路由器	150	2	300	华为 NE40E-X16/ 中兴 M6000-18S/H3C SR8812-X
	汇接层 PE 路由器	柳州、盐城、常州、郑州、重庆汇接节点各新增 2 台路由器	100	10	1000	华为 NE40E-X8/ 中兴 M6000-8S/H3C SR888-X
	业务层 CE 路由器	广州、柳州、盐城、常州、郑州、重庆数据中心各新增 2 台 CE 路由器	60	12	720	华为 NE40E-X3/ 中兴 M6000-3S/SR8804-X
	合计				2020	
后期	核心层 P 路由器	北京、西安核心节点各新增 2 台路由器	150	4	600	华为 NE40E-X8/ 中兴 M6000-8S/H3C SR888-X
	汇接层 PE 路由器	新增汇接节点各新增 2 台路由器	60	50	3000	华为 NE40E-X3/ 中兴 M6000-3S
	合计				3600	

注：传输专线采用租用运营商专线电路的模式，租金成本在建设投资内。

参考文献

[1] 刘铠. 政企客户专线接入技术的选择策略. 硅谷, 2014 (13).

[2] 解鲲. 集团客户专线接入技术的选择策略. 中国新通信, 2014 (6).

[3] 杜克礼. 专网通信发展走向研究及实践探索. 2004.

[4] 潘莹玉. 简析我国专网通信的产生、现状及其发展趋势. 2012.

[5] 周娜. 行业专网建设方案的研究. 2012.

[6] 王勇, 利韶聪, 陈宝仁. 电力通信业务应用及发展分析. 电力系统通信, 2010 (11).

[7] 李劲, 陈佳阳, 肖凯文. 综合业务承载网规划设计手册. 北京: 人民邮电出版社, 2015.

[8] 陈华. 如何提高传输网络可用性. 通信世界网, 2004.

[9] 毛谦. 光传送网 OTN 的保护倒换技术. 全国第十一次光纤通信暨第十二届集成光学学术会议论文集. 北京: 人民邮电出版社.

[10] 冯忠信, 陈光, 宋树君等. PTN 还是 MSTP—专网业务承载技术保障探讨. 中国有线电, 2014 (3).

[11] 朱成波. OTN 在专用传输网干线波分网的运用方式. 中国铁路, 2011 (7).

[12] 田宇. 基于波分复用的电力光传输网方案设计研究. 2012 (6).

[13] 邓宇章. OTN 的原理及引入. 邮电设计技术, 2011 (9).

[14] 朱成波. OTN 在专网运用时的方式探讨. 通信管理与技术, 2011 (8).

[15] 张国新, 李昀, 叶春. OTN 技术与组网应用. 光通信技, 2010 (4).

[16] 魏涛, 张宾. OTN+PTN 联合组网模式分析. 电信科学, 2010 (7).

[17] 易光华, 傅光轩, 周锦顺. MPLS VPN、IPSec VPN 和 SSL VPN 技术的研究与比较. 贵州科学, 2007 (6).

[18] 石永红, 刘嘉勇, 汤云革. 基于 MPLS 的 VPN 技术原理及其实现. 电子技术应用, 2004 (7).

[19] 倪赓. MPLS VPN 组网设计与实.现 2009.

[20] 常娟. 光传送网中 PTN 与 IP RAN 之比较与研究. 太原师范学院学报(自然科学版), 2013（9）.

[21] 李智峰. PTN 技术特点与应用探讨. 中国高新技术企业, 2009（9）.

[22] 杨伟娜. 民航通信网工程中租用和自建方式优势劣势对比分析. 中国工程咨询, 2014（6）.

[23] 候晓桥. 本地网传输专线 SLA 标准的研究和实施. 2008.

[24] 王光全. 长途光缆骨干传输网光纤选型建议. 电信科学, 2002.

[25]《信息安全技术信息系统安全等级保护定级指南》(GB /T 22240－2008).

[26]《信息安全技术信息系统安全等级保护基本要求》(GB /T 22239－2008).

[27]《电子信息系统机房设计规范》(GB50174-2008).